"十三五"普通高等教育本科部委级规划教材

运动装应用设计

SPORTSWEAR
APPLICATION DESIGN

易 城 | 主编

丁 雯 胡冬正 郭春丽 | 副主编

U0241673

中国纺织出版社有限公司 | 国家一级出版社 全国百佳图书出版单位

内 容 提 要

本书为"十三五"普通高等教育本科部委级规划教材。

本书以调查和研究运动装的基本分类与发展、运动装的设计要素、运动装的新材料和新技术为出发点，注重款式设计，从功能性及运动生理角度对板型设计原理进行探求。在运动装设计中以满足参与运动的最终用户需求为设计的根本指导思想，通过对运动装产品的整个商业模式的探究、运动装全盘货品开发案例的分析，在实例分析中将运动装的整个商业设计流程进行解读，使读者能从中了解运动装设计的商业模式，并能快速了解运动装的市场需求。

本书既可作为高等院校服装专业教材，也可作为行业从业人员学习和参考用书。

图书在版编目（CIP）数据

运动装应用设计 / 易城主编 .-- 北京：中国纺织出版社有限公司，2019.11

"十三五"普通高等教育本科部委级规划教材

ISBN 978-7-5180-6540-0

Ⅰ.①运… Ⅱ.①易… Ⅲ.①运动服—服装设计—高等学校—教材 Ⅳ.① TS941.734

中国版本图书馆 CIP 数据核字（2019）第 179471 号

策划编辑：魏 萌 责任编辑：杨 勇
责任校对：高 涵 责任印制：王艳丽

中国纺织出版社有限公司出版发行
地址：北京市朝阳区百子湾东里 A407 号楼 邮政编码：100124
销售电话：010—67004422 传真：010—87155801
http://www.c-textilep.com
中国纺织出版社天猫旗舰店
官方微博 http://weibo.com/2119887771
北京玺诚印务有限公司印刷 各地新华书店经销
2019 年 11 月第 1 版第 1 次印刷
开本：787×1092 1/16 印张：12.75
字数：170 千字 定价：58.00 元

前言

随着国民经济的发展、全面小康社会的建设，身体素质成了衡量一个国家国民生活质量的主要标准之一，"全民运动""全民健身"成为我国当前一个新的时尚和新的生活方式。运动装、运动用品的消费市场和人才需求也越来越大。

由于历史和认识原因，运动装设计作为一门独立课程长期以来不被重视，很多时候都是在讲授设计时"顺带"提及一下。因此，在专业教材的编写上与其他设计类教材相比，也远远引不起同仁的重视。特别是在应用型的运动设计专业教材的编写上，我国目前基本属于空白状态，但凡有涉及，也大多是在通识类服装设计专业教材中以章节的形式泛泛带过，且大多以设计理论为主，不太注重企业真正的用人需求和对运动装设计人才能力结构的分析。关起门教自己的，没有真正去对接企业，也很少深入对运动装的商业设计流程和方法进行系统性的研究和整理，培养的运动装设计人才高不成低不就，缺乏基本的市场意识，以及真正的应用设计能力，培养的学生也远远跟不上企业的实际需求。

基于此，从人才培养模式转变和教学方法改革的目的出发，本教材尝试从运动品牌企业对运动装商业设计人才能力结构的实际需求角度，从市场的商业设计实际案例入手，从院校课堂教学的实际情况出发，由作者牵头，组织我国著名运动品牌之一的"赛琪"运动品牌公司设计总监胡冬正为首的设计团队，与江西服装学院优秀专业教师一起组成了一支高水平的编写团队。我们以应用型人才培养为目标，以校企合作、产教融合为手段，以运动品牌企业设计人才的能力需求为导向，对本教材的内容组织、教材结构进行了全新的设计。

本教材从运动装概述开始，对运动装的发展史、运动装的分类以及当前市场上主要运动品牌介绍，以及影响运动装设计涉及的几大要素进行了通识性的知识普及，并将重点放在了运动装的款式设计和结构工艺设计上。与其他专业教材编写最大的区别是，本书在学生掌握了基本的运动装设计方法和能力后，更偏重于"能用"的市场设计和商业设计模拟化实操上。本书结合企业直接导入实际案例，用了两个章节，通过对企业运动装产品设计整个商业模式的探究、运动装全盘货品开发案例的分析，以及对运动装的整个商业设计流程进行解读，使学生能从中真正了解和熟悉企业的商业设计流程、管理和商业模式。

本教材作为一门专业课程，建议安排4个学分。我们从实际课堂教学出发，也对每一个章节都给出了具体的课时分配、教学要求和教学内容安排，并建议和设计了相关的课堂或课后作业。从"应用"两个字出发，面向高校学生和企业设计师，希望能编写出一本市场"能用"的书。也希望学生通过本书的学习，走入社会后能无缝对接企业的相关设计工作，培养出"有用"的运动装设计应用人才。

本书由易城主编,副主编分别是丁雯、胡冬正和郭春丽,陈仪招、张长谋、金佩华、程乐辉、王淼波等参与了本书素材的收集和整理工作,"赛琪"运动品牌公司为本书提供了一些企业研发设计案例和款式、板型样品。

本书在编写过程中,得到了各位领导、同仁和朋友们的帮助与支持,特别是东华大学张文斌教授给予了本书很多建设性的意见和指导,在此一并表示诚挚的感谢。

由于编者水平的局限、编写经验的欠缺,以及时间紧促、参考资料不足等因素,使得本书的编写难免会有不足之处,恳请各位有识之士和专家学者对本书不吝赐教,我们将不胜感激!

编　者

2019 年 5 月

教学内容及课时安排

章 / 课时	课程性质 / 课时	节	课程内容
第一章 / 4	基础知识 / 10	●	运动装概述
		一	运动服装的发展
		二	运动装的分类
		三	运动品牌的分类
第二章 / 6		●	运动装设计要素
		一	运动装设计三要素
		二	运动装着装环境要素分析
		三	运动装功能性要素分析
第三章 / 10	运动装设计 / 42	●	运动装款式设计
		一	运动装基础款式设计
		二	运动装变化款式设计
		三	运动装款式设计案例
第四章 / 8		●	运动装板型设计原理与工艺
		一	运动装板型设计原理与方法
		二	运动装板型设计案例
第五章 / 24		●	运动装商业设计
		一	企业服装设计流程
		二	市场调研
		三	商品企划
		四	产品开发
		五	产品售后信息分析
第六章 / 12	案例分析 / 12	●	运动装全盘货品开发案例
		一	企业案例
		二	教学案例

注 各院校可根据自身的教学特点和教学计划对课程时数进行调整。

目　录

基础知识

运动装设计

案例分析

基础知识

第一章　运动装概述

课程内容： 运动服装的发展
运动装的分类
运动品牌的分类

课题时间： 4课时

教学目的： 让学生对运动装的概念有清晰的认识，理解运动装的发展历史；掌握运动装的基本分类，并对知名运动品牌有所了解，为学生的学习指明基本方向。

教学方式： 通过理论讲解、图片演示及案例分析，阐述并分析运动装的概念。

教学要求： 1.了解运动装的概念与运动装设计的发展，掌握运动装的基本分类。
2.对知名运动品牌有所了解。

课前准备： 查阅近年来有关运动装的参考文献，大致了解运动装的概念，并查阅相关知名运动品牌的资料。

服装的概念

服装是每个人的生活必需品，服装包含的定义已经有很多学者、专家等做过阐述、论证，其内涵随着时代的发展和认识的加深也在不断充实和完善。

服装的含义按其发展过程及内涵大概可以分成三层含义，即：①服装等同于衣服，是一个"物件"，从纯物质层面来理解；②服装是衣与人结合后呈现出的一种"状态"，在"物"的层面赋予其精神内涵；③服装是人、衣与社会生活相结合后的一种生活方式的表达，即围绕"衣"所构成的衣生活。

运动装的概念

运动装，顾名思义泛指人们参与体育运动竞赛或户外体育活动，可以适应运动需求和休闲生活需求的服装。

伴随我们社会生活的不断细化以及科学技术的发展，在不同穿着环境下，运动装一般分为专用于体育运动竞赛的专业运动服和从事户外体育运动、休闲活动时穿用的运动休闲服装两类。

专用于体育运动竞赛的服装，通常需满足该运动项目的特定运动要求以及运动员生理和心理的需求，它属于一种特殊类型服装的设计。其重点是新科技材料的研发，以及如何更好地符合运动人体工学原理来进行设计研究。

而主要用于日常生活穿着的运动休闲服装，则主要以考虑服装的舒适性、审美性和运动性的有机统一为出发点来进行设计研发，更侧重市场需求。

随着生活水平的提高，体育运动受到越来越多的重视，特别是休闲运动更成为我们当今社会的一种时尚文化，运动装以休闲、舒适的特点走进了我们的日常生活。除专业运动品牌之外，越来越多的知名时尚品牌也开始涉足休闲运动，时尚与运动的跨界合作，将运动装的发展推向一个新的阶段，即：时尚化、生活化的运动休闲服装兴起的阶段，如图1-1所示。

图1-1　NIKE官方网站所出售的休闲运动男装设计系列

第一节　运动服装的发展

一、运动发展史

1.远古的运动

远古时期，我们的祖先为了获取基本的生活物资，需要走、跑不同的距离，跨越各种障碍，投掷各种器械，从而生存下来。这些最基本的生存动作经过不断延续、发展和进化，便形成了今天体育项目的雏形。

2.古代专业运动

随着时间的发展，人们在祭神、战斗、劳动、游戏中又逐渐产生了更多的运动项目。公元前776年，在古希腊举行了第一届古代奥林匹克运动会，到公元394年共举行了293届，在这些古奥运会（图1-2、图1-3）上诞生了五项全能（铁饼、标枪、跳远、角力、赛跑）、拳击、摔跤、战车赛跑、赛马等比赛项目。

1883年，法国人顾拜旦致力于古代奥运会的复兴，经他与若干代人的努力，在古代奥林匹克运动会停办1500年之后，于1894年6月23日成立了国际奥林匹克委员会并诞生了第一部《奥林匹克宪章》，1896年4月6~15日，第一届新奥林匹克运动会在希腊的雅典举行，从这时开始，竞技运动开始正式走入我们的生活之中。

在中国历史上大多数帝王都尚武，对很多运动情有独钟，要震慑国家内外的各方势力，"武"是必要的硬实力。据传，在炎黄时代，有个以野牛为图腾的蚩尤部落，英勇好斗，崇尚武技，特别善于徒搏角抵（摔跤），后人称之为"蚩尤戏"。蚩尤的角抵是一种徒手搏斗，包含踢、摔、拿、打、抵等多种技法，既是平时的一种演练游戏，也可用于战场。

进入阶级社会后，随着生产力的发展，兵器的改进，武术也进入一个新的阶段。商周时期，青铜冶炼技术的提高，出现了斧、钺、刀、叉、剑等更精良的兵器，以及运用的方法。特别是春秋战国时期以后，很多原来以实用主义战斗为主的技击活动，逐渐"寓击于乐"走入生活，从而游戏化，如舞剑、蹴鞠、投壶、赛马、角力、捶丸、射箭和布阵等（图1-4、图1-5）。

图1-2　第90届古代奥运会

图1-3　古代奥运会竞技大会

图1-4　古代蹴鞠运动

图1-5　古代投壶运动

3. 现代体育运动

伴随社会的发展与时间的推移，人们的分工越来越专业化、精细化，运动项目亦然。

我们现代的专业运动除了有足、篮、排三大球类项目之外，还包括田径、水上、冬季项目等各种各样的专业运动项目。目前被世人公认，代表人类最高体育运动水平、规模最大的、也是运动项目最全面的综合性运动会就是奥林匹克运动会（图1-6～图1-9）。

图1-6 第一届冬季奥运会（1924年法国夏蒙尼）

图1-7 第一届冬季奥运会项目——花样滑冰

图1-8 第二届青年夏季奥运会（2014年中国南京）

图1-9 第二届青年奥运会项目——跳水

每四年一次的奥运会是国际间体育运动最盛大、最隆重的体育盛会，各国体育健儿、各大体育运动品牌云集，奔着"更高、更快、更强"的奥运精神在此公平竞争、奋力拼搏，各自争奇斗艳、争先恐后的一展自我才华，奥运会也因此成为全世界人民和平友谊的盛会。

现代的体育运动，不仅仅只是一项运动，以及各个国家或不同社群在和平时期的和平竞争；而是一个庞大的产业、专业的体育运动和赛事，带动的也不仅仅是运动竞技水平的提高，更重要的是它带动了相关产业的发展，是反映一个国家经济社会发展的缩影。

4. 运动走入生活

在我国，伴随经济和改革开放的迅速发展，人们生活水平也快速提高，对生活质量的需求也发生了改变，我国的休闲运动文化开始流行，再加上20世纪90年代开始的"黄金周"概念的推出，时尚潮流与人们生活方式的改变也反过来促进和催生了新的运动形态，并不断进行发展和普及，全面走入了人们的生活。例如，受街头时尚文化影响产生了街头篮球、滑板、街舞、跑酷和极限自行车等新兴运动；受塑形健身需求而流行的健美操、瑜伽、普拉提、器械等室内运动（图1-10、图1-11）；受广场文化影响而兴起的交谊舞、广场舞等（图1-12、图1-13）；还有受户外休闲生活方式吸引而产生的诸如登山、跑步、漂流、攀岩等户外休闲运动等。

图1-10　室内瑜伽

图1-11　交谊舞

图1-12　广场舞

图1-13　室内普拉提

可见运动已逐渐成为人们生活的一部分，穿着运动装也成为人们追求新时尚生活的一种表达方式。很多消费指南杂志、流行趋势网站、时尚杂志也开始加入到提倡运动的时尚生活方式的行列（图1-14），经常介绍健美运动、瑜伽、户外运动（图1-15）等多种广受欢迎的运动方式。消费者可以通过各种媒体了解到新的运动装的信息，在选择运动装时也更注重其个性化和功能性，国内外运动服装和用品的品牌及零售商也迅速增加，形成了庞大的运动消费经济。

图1-14 WGSN流行趋势网站

图1-15 健美运动、瑜伽运动、户外运动（从左至右依次排列）

二、运动服装发展史

1. 为专业体育运动而生的竞技运动装

运动类服装产生于日常生活服装，但发展时间并不长久，在15世纪和16世纪女子在体育运动时穿着日常生活服装（图1-16），在16~17世纪宫廷贵族在进行保龄球、高尔夫球、网球等运动时也穿着日常服装（图1-17 ～图1-19）。近代的运动服装最早出现于19世纪，专门为贵族的绅士打高尔夫、狩猎等运动而设计的服装（图1-20、图1-21）。19世纪末、20世纪初欧洲女子也开始从事马术、高尔夫、游泳、网球、骑自行车等运动，从而增加了运动服装的需求量（图1-22 ～图1-25）。

图1-16　15世纪女子狩猎场景

图1-17　16世纪宫廷贵族玩保龄球

图1-18　16世纪宫廷贵族玩高尔夫球

图1-19　17世纪宫廷贵族玩网球

图1-20　19世纪贵族的狩猎服

图1-21　19世纪贵族的高尔夫装

图1-22　1884年奥地利公主的骑马装

图1-23　1890年女子自行车运动着装

图1-24　1904年Burberry设计的女子高尔夫装

图1-25　1919年穿着泳装的女人们

　　1896年的希腊雅典奥运会的首次举办（图1-26），为专业运动装拉开了序幕。由于奥运会的产生，应运而生了为参加运动会而穿着的运动服。这届奥运会的比赛项目有田径、射击、举重、游泳、体操、自行车、古典式摔跤、网球和击剑9个大项，各项比赛运动对服装有不同的要求，从而出现了专业的运动服装。现代运动服装也正是从这时开始初露端倪的，所以在设计针对不同专业运动项目的运动服装时，不仅要考虑功能性，还需要结合当下流行趋势的元素给人以美的视觉享受。

图1-26　首届奥林匹克运动会

2. 因科学技术发展而生的户外功能性运动装

　　户外运动服装始于19世纪，当时科学家为了寻找高山、森林里的植物资源，开始进行登山、野外徒步等户外活动。第二次世界大战中，由于军队作战的需要，攀岩、野营等户外活动也开始出现，这些活动都对服装提出了特殊的要求。随着第二次世界大战的结束，世界经济逐渐复苏并稳步向前发展，户外活动开始走出求生和军事范畴并被纳入体育运动的领域，滑雪、攀岩、山地骑行等都成为专业的体育项目，催生了专门的户外运动服装（图1-27）。在欧美等发达地区，定期的户外运动成为人们日常休闲、娱乐甚至提升生活品质的一种全新生活方式。1989年新西兰举办了首次越野探险挑战赛后，各种形式的户外活动和比赛在全世界如火如荼地开展起来，目前在欧洲每年都有众多的大型挑战赛举行。随着经济的发展，人们生活水准的提高，我国户外运动服装也开始蓬勃兴起并快速发展起来。

图1-27 赛琪品牌户外运动服装

近20年来，由于危险性极强的极限运动的出现和流行，对运动装防护性能的需求迅速增长。高科技含量的功能性运动装的研究在北美和欧洲得到了迅速发展，也促进了纺织科技及制造技术的进一步发展。一系列高性能的材料应用在服装上使运动装具有保温、防雨雪（图1-28）、防风透气、散热、速干、抗菌等功能。电子技术又使运动装更加智能化，使其具备通信、卫星定位、身体信息的监控、移动娱乐等功能。运动装的科技含量成为吸引消费者的重要因素，运动装的功能要素和审美要素一样成为了设计师关注的内容。

图1-28 穿着防雪防湿的服装在雪山上滑雪

3. 为解放身体而生的休闲运动装

20世纪的两次世界大战在很大程度上改变了人们的生活，服装的改变就是最典型的例证。服装轻便化的设计观念极大地促进了运动装的发展，法国著名服装设计师夏奈尔（Chanel）女士用其简洁、轻便的设计向传统烦琐、累赘的服装设计观念发起了强有力的挑战，她运用原本用于男士内衣的针织面料来设计轻便、简洁的日用女装，从而掀起了女装轻便化的潮流。她设计的第一条休闲女裤，让20世纪备受紧身胸衣束缚的巴黎女性们可以自由骑马，她还从水手服中获得灵感，设计出经典的海魂衫，这也成为了现今条纹衫的始祖。她推出的休闲运动风格成为当时的流行（图1-29～图1-31），各大媒体争相报道，展示她为游泳、滑冰、滑雪、网球等运动设计的服装，同时欧美的社会名流穿着夏奈尔的休闲运动服装也登上了各大期刊，从此使身体自由活动的服装设计风格成为运动风格。

图1-29　20世纪初夏奈尔设计的第一条休闲裤　　图1-30　20世纪初夏奈尔设计的休闲运动针织装　　图1-31　20世纪20年代夏奈尔的休闲运动风格服装成为流行

20世纪30~40年代，一些著名的好莱坞女影星开始尝试在电影和日常生活中穿着曾被认为是男性专属的裤装（图1-32），伴随潮流的影响和明星们的强力推动，女性由裙装向裤装慢慢过渡，并得到社会的接受和认同。到了60年代，日常服装中大量轻便的休闲款式已经成为主流，女性身体终于从繁重的服装束缚中被解放出来。

图1-32　20世纪30~40年代女性装扮

基于此，人们对休闲和运动类服装需求的大量增加，让一些嗅觉灵敏的顶级时装品牌发现了商机和流行趋势，他们在原有产品中增加了运动和休闲类的服装系列，例如，拉尔夫·劳伦（Lalph Lauren）这样的顶级品牌也有了自己的Polo Shirt（马球衫）（图1-33），英国的老牌保罗·史密斯（Paul Smith）的New Bold则是专门为配合时装市场的运动装需求应运而生的。与此同时，一些专业的体育服装品牌也在这个时期诞生并快速发展。

图1-33　条纹网眼Polo衫、航海小熊Polo衫、网布Polo衫（从左至右依次排列）

休闲类运动服装在功能上主要以休闲舒适与便于活动为特点，这是与功能性运动服装的区别。休闲类运动服装设计的原则是以人为本，追求服装的功能性和时尚感，穿着的美感舒适性和功能性决定了休闲类运动服装的款式，色彩和面料的选择也有其自身的特点。休闲类运动服装在设计上更多的是与时尚的结合，强调穿着的舒适感觉，便于肢体的运动，体现运动的轻松感、休闲性和随意性，其中重要的一点是时尚流行元素被越来越多地引入休闲类运动服装设计之中，更时尚、更性感、更年轻化是未来发展的主流方向。

4. 为生活方式改变而生的时尚性运动装

20世纪90年代，人们参与运动和体育竞赛的热情更加高涨，无论是从事极限运动来挑战自己，还是以休闲的运动形式进行健身都十分热门，运动休闲活动成为一种时尚的生活方式。健康和健美的体魄成为人们追求的目标，因而对运动的兴趣也愈发不可收拾。这种由生活方式的转变而产生的需求促进了运动装设计的快速发展。运动装设计也从专门化向多样化转变。一些知名的体育服装品牌开始将产品分成不同的类别，在专业化的同时，也生产融合了休闲时尚风格的休闲运动装。例如，adidas品牌就有ORIGINAL三叶草标记的时尚系列和三条纹组成的胜利标记的专业运动服装系列（图1-34）。

图1-34　阿道夫·阿迪·达斯勒（Adolf Adi Dassler）设计了ORIGINAL三叶草标记系列

三、运动服装特点

随着人们对身体健康和生活品质的重视，参与日常健身、跑步等运动的人数呈快速上升趋势。运动装再也不是专业运动时才能穿用的"专属服装"，越来越多的潮人喜欢运动装，享受运动装的舒服穿着，运动装也越来越渗透到人们的日常生活当中，然而运动装以什么特点受到人们的如此喜爱呢，可以从以下几方面分析。

1. 款式时尚、充满活力

运动装在视觉上充满着一种健康活力的时尚。运动和健康的时尚生活方式已经成为人们关注的热点，越来越多的体育明星、新锐设计师和流行文化成为运动装日常化的推动者。

运动装的时尚性，是融合了运动装的舒适随意，同时兼顾时尚感的一种设计理念。当运动成为一种时尚的生活方式，运动装的时尚性设计也越来越多地表现在服装的款式、色彩、面料和细节设计上，运动装设计不断将时尚流行元素引入其中：时装化的裁剪、运动元素、流行色彩、细节装饰设计等，都充分体现了运动装的时尚性（图1-35）。

图1-35　赛琪新品发布会

2. 功能性突出

运动装的适穿性很高，穿着合体、舒适。运动装的时尚设计与功能性的结合是其最大特点。在设计要素中，省道的变化、转移、分割等剪裁手法使运动装的合体塑形效果更为明显，在符合人体运动技能之外，更能凸出女性的人体曲线，使运动装设计更加富于动感。

运动装设计与功能性的结合包括运动细节、面料、色彩上的运用，例如，运动装细节设计也是更能体现功能性的手法之一，拉链设计不仅能调节运动员的体温和透气，更能贴合人体曲线，展示运动装的舒适性（图1-36）；新材料的开发与运用能够保障人在运动之后保持身体的干爽、舒适；新工艺的创新与制作，不仅使运动装更加简洁大方，还能运用多种工艺装饰手法，实现更多功能化服装的制作（图1-37）；时尚性与功能性的结合，在运动装色彩方面体现为实用性与层次感。

图1-36　Y-3女士拉链运动装上衣　　　　图1-37　LI—NING高弹力速干运动上衣

3. 侧重保护功能

运动装设计从设计理念上更侧重人体工程学及对身体的保护。运动装在面料的选择、款式的设计、结构的处理、工艺的选择等方面，都是优先从对人体保护和符合人体工程学原理角度出发来思考的。特别是户外运动服装，强调服装的专业性，当人们处于户外相对复杂、相对恶劣的环境下能够保证身体的干燥、温暖、舒适，并且能够自由运动，顺利完成活动（图1-38）。

图1-38　思凯乐女款三合一冲锋衣

四、运动服装未来的发展趋势

1. 流行时尚文化对运动服装发展的推动

新生活、新理念、休闲健康已成为当代人追捧的焦点，流行时尚文化对运动装的发展起到一定的推动作用。对于健康、运动的生活方式的流行，时尚媒体发挥了较为关键的推动作用。对运动员连篇累牍的明星化报道，对时尚健身运动的不断推送，新的健美时尚形象的打造，都使人们更加渴望拥有健美的身材与健康的生活方式。知名设计师或新生代时尚的弄潮者都与知名的运动品牌联合推出自己的设计系列，或推出自己品牌的运动系列产品。阿迪达斯与日本著名设计师山本耀司（Yohji Yamamoto）合作的 Y–3 系列（图 1–39）就是将时尚元素与运动功能设计相结合的产品类型，堪称时尚加运动的经典。炙手可热的新生代华裔设计师王大仁（Alexander Wang）在 T 台上将正装与运动风混搭，或是用高级时装手法设计运动装被称为"时尚运动风的传教士"。

图1–39　adidas与Y–3合作系列

2. 科技发展对运动服装设计创新的促进

纺织技术和智能可穿性科技的迅猛发展，为运动装设计的创新提供了很大空间和可行性。层出不穷的新产品能够更好地满足人们在运动中的多样需求。运动装的新型材料提供了更先进的性能，使运动中的身体有更舒适的感受，或为人们提供更好的防护，或帮助肌肉在运动过后进行恢复。智能可穿戴技术与运动装相结合更是运动装设计创新的主流方向。

智能可穿戴技术与运动装的结合，是由于智能可穿戴技术近年来发生了体积和便携性上的技术性突破，能够更便捷地与纺织品相融合，这样的运动装通常带有感应器，能够测量运动中人体的心率、血压等技术指标，通过分析检测得到的数据，评估运动强度，并进一步规划更合理的运动计划。智能纺织品大多使用了可传输电信号的导电纱线，织入这些材料的传感器非常精密细小，材料也非常柔软，不会产生异物感。例如，阿迪达斯2014年推出的Micoach Pacer 心率带犹如形影相随的迷你教练（图1–40），随时检测着运动者的心率与运动强度，并提供训练课程；在2016北京ISPO体育用品博览会上获得亚洲产品金奖的DynaFeed智能运动装（图1-41），就以一种超薄的导电聚合物涂层取代了传统笨重的基于金属的检测系统，对运动员进行心率与肢体运动时电压变化的检测，让运动装更加轻便自如，并减少了对环境的污染。

图1-40　Micoach Pacer套装　　　　　　图1-41　DynaFeed智能运动装

2015年，著名高校美国麻省理工学院（MIT）利用一种称为纳豆菌的微生物和3D打印技术研制出了一种会呼吸的服装（图1-42），圈粉无数。近日，该校再接再厉，又利用这种方法研制出了类似的运动服，它同样会呼吸，只不过制造材料中的重要组成部分由纳豆菌换成了我们更加熟知的大肠杆菌（非致病性）。这项名为"BioLogic"的研究是MIT与新加坡国立大学和知名运动品牌New Balance合作完成的，它可以根据穿着者的体温和出汗情况自我冷却，而其中的奥秘就是上面的众多三角形薄片。

这些薄片由乳胶制成，但内外侧均通过3D打印技术打印上了一层大肠杆菌，而大肠杆菌有一个特性，就是在环境较干燥时会吸收水分。因此，当环境湿度升高（即穿着者出汗增加）时，薄片内侧的大肠杆菌便会吸收汗液中的水分发生膨胀，令薄片内外受力失衡从而弯曲打开，起到透气散热的作用（图1-43）。

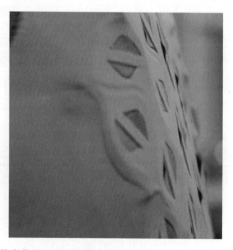

图1-42　纳豆菌的微生物和3D打印技术的运动服

图1-43 大肠杆菌3D打印运动服面料结构

3. 生活方式的改变对运动服装的影响

追求身体健康的生活方式，也是运动装满足用户需求的出发点。为满足运动装美观舒适的要求，人体三维扫描技术已经被应用到运动装设计中。例如，无缝立体针织运动装的设计开发就是依据人体三维扫描数据而设计制成的一种符合人体形态的针织运动装，这种运动装能够帮助人们更舒适自如地进行运动。无缝立体针织技术与人体扫描数据的结合使服装更加贴合人体，适应人体动态的需求，广泛应用在瑜伽、健身、跑步及滑雪服的基础层等服装上。加拿大瑜伽健身品牌lulu lemon从身体的感官（Sensation Innovation）出发，以紧致强化性训练级（Tight）、适度运动支撑级（Held In）和松弛级（Relax）等为分类标准进行设计开发。该品牌为紧致强化性训练级设计了三维立体裁剪，针对局部肌肉给予高强度压力、速干透湿的产品，在提升运动效率的同时，这种无缝立体针织运动装还能避免缝合部分对人体产生的摩擦和压痕。如此高功能性的运动装还具有丰富的款式和色彩的选择，做到了功能与审美的平衡，使lulu lemon从瑜伽服装发展成为一个倡导时尚健康生活方式的知名运动装品牌（图1-44）。

图1-44 lulu lemon高腰紧身瑜伽健身长裤

因信息技术的发展，导致工作方式的改变，严谨、标识性的职业装、工作服被舒适的休闲运动风格的服装取代并成为未来趋势。功能性运动装设计由于强调以服装的舒适性和功能性为出发点，具有运用纺织高科技和新型服装制作技术，来满足生理功能的需求与心理上审美需求的特点，与常规的时装设计有一定的差异性。运动自如是运动装设计的第一要素，因而设计师需要充分了解运动中的人体形态特点。与时装设计的静态测量有所区别的是，运动装的合体性建立在对运动状态下人体的测量基础上。设计师要了解具体运动中的动态特征，并对主要动态下的人体进行测量。例如，一个高举手臂攀爬姿态的袖长就和静态下垂的手臂袖长在测量数据上有很大区别。要设计出符合动态特点的运动装，需要设计师通过理解运动人体的变化来把握服装的尺寸和形态特点。很显然，一条在人体直立时非常合体的裤子就不可能满足滑雪时腿部弯曲动态的需要。

第二节　运动装的分类

一、按运动项目分类

体育运动是在人类发展过程中逐步开展起来的有意识的对自己身体素质的培养的各种活动。远在公元前700多年的古希腊时代，就出现了赛跑、投掷、角力等项目，发展至今已有数百种项目之多，在本节中，将运动项目分为室内运动与户外运动。

从事室内运动装的设计师针对体育运动环境的不同来划分运动的基本类型，再结合这一运动的特点进行分析和归纳。由于运动环境的不同将产生不同的温度和气候条件，运动装的设计也要结合运动环境的特点进行考虑。将众多的运动类型以运动的环境为依据可以基本划分为户外运动装和室内运动装两大基本类型，再结合运动特点或运动器械的不同进行细分就基本能够涵盖大部分较为普及的体育运动类型。

1. 室内运动（日常类、竞技类）

关于室内运动的定义和界定，众说纷纭，在理论上尚没有形成统一的认识，本书整理了室内运动的定义是指所有在室内进行的运动，它涵盖了日常健身运动、拍类运动、搏击类运动、水上运动等几类，室内运动和户外运动在某些项目上是互通的。本书所研究的室内项目和室内运动装是指在室内运动时所穿着的服装。

日常健身类运动：慢跑、器械健美、室内健身操、瑜伽、普拉提等在健身俱乐部里常见的强身健体运动。

拍类运动：网球、羽毛球、乒乓球、壁球等。

搏击类运动：拳击、摔跤、武术、击剑、柔道、跆拳道等。

水上运动：游泳、跳水等。

在进行室内运动装的设计时，需要了解运动以及运动装的基本分类与特点，并对运动的历史、传统有所了解，掌握运动内在的特殊意义。室内运动项目在不同的历史发展过程中，积累了不同的体育文化内涵和传统，例如，羽毛球运动多数比赛是在室内进行，所以羽毛球运动装的设计除了面料的功能性选择外，它的款式设计主要是上下分开两件式运动装，羽毛球是一种隔网用拍子来回击打毽球的运动，所以运动员要适应大范围的体位变化，便于运动时及时接住羽毛球。在一些运动的发展中还逐渐形成了着装的规范和色彩倾向，通过对不同运动发展的了解，能够看到不同时期运动装款式的变化、面料的进步、服装的裁剪、细节的改善等，这些都对运动装设计师有很大的参考价值（图1-45、图1-46）。

图1-45　室内运动项目

图1-46　羽毛球运动员正在训练

2. *户外运动（日常类、竞技类）*

以户外运动环境为主的运动项目，包括徒步、探险旅行类；攀爬类：登山、攀岩；极限类：赛车运动、滑板、小轮车、飞伞；骑车类：摩托、山地、自行车；冰雪运动：滑雪、滑冰、冰球；高尔夫运动；综合运动类：铁人三项、越野挑战赛等；水上运动：冲浪、水球、帆板、皮划艇、赛艇；等等（图1-47）。

图1-47　户外运动项目

当然，有些运动兼具了两种运动的环境，或是综合了多种不同的运动特点，对运动装也有独特的要求，如铁人三项运动就是一个特例，需要高性能的服装来满足它不同分项目的需要。个体式的参与运动和团队体育项目也对运动装的分类产生影响，个体式的参与运动时，需要一些具备日常综合性的运动装的特点，更强调多样的适应性和时尚因素；团队体育项目的运动装则要在保证功能性的前提下，突出团队的整体识别性和体育精神。

以团队形式参与的各类运动：足球、篮球、排球、垒球、棒球、板球等（图1-48）。

图1-48　团队形式参与的各类项目

二、按风格与功能分类

19世纪90年代，人们开始参加体育活动，并穿着与其相配的服装，包括网球装、泳装、登山服装、自行车服等，妇女也开始参加户外体育活动。20世纪以来，随着参加体育活动的增加，服装更加自由和随便。1928年，时装杂志开始将这类便于身体自由活动的服装称为"运动风格"（Sports Styles）。20世纪30年代，服装工业正式将其定义为"运动便装"（Sportswear），并作为服装的新类别而进行大量生产。大约从1930年代起，由汗衫、短裤、短裙等配套组成的运动式服装便开始广受欢迎。

现代运动装的发展趋势来自于日常服装，又逐渐转变为更专业化、功能化的服装。日常消费者穿着的运动装和参与运动项目的目的不同，职业运动员需要高性能的专业运动装进行训练和在赛场上一决高低，对潮流敏感的青年人喜欢穿着时尚风格的运动装走在街头巷尾，用休闲运动消遣闲暇时光的人们选择运动与休闲风格相融合的运动装，户外一族们则对登山或滑雪服装的性能有着更为深刻的体会。也正是由于不同人群对运动的不同需要使得运动装的风格丰富多彩。不同的运动装品牌也针对人们的需求进行了更加详细的运动装设计开发的分类，一个运动装品牌拥有不同风格的分类产品也在近几年来得到了迅速发展。这些运动装基本可分为以下几类：

1. 时尚运动装

运动时尚元素影响着现代人的生活方式，也影响着大众的着装，运动服设计的出发点已不仅仅是功能性的满足，更是一种健康、时尚的生活理念的体现，在这种趋势下，衍生出了现代时尚运动种类：跑酷、滑板及街舞等。在这种趋势下，运动服装与时尚的融合将是未来运动服装设计的一个重要发展方向。时尚运动服装应该在造型、色彩、材质、细节装饰等方面加强与时尚元素的融合。

（1）跑酷运动：跑酷（Parkour）是时下风靡全球的时尚极限运动，以日常生活的环境（多为城市）为运动场所，依靠自身的体能，快速、有效、可靠地驾驭任何已知与未知环境的运动艺术。它也是一种探索人类潜能、激发身体与心灵极限的一种哲学。在跑酷这项运动刚刚兴起的时候，跑酷者们的服装还只是普通的运动服和卫衣或者长袖衫，其中大卫·贝尔（David Belle）在2004年的电影《暴力街区》中最为明显，其中大卫的服装就是早期跑酷者们最普遍的穿着（图1-49）。通过近十年的发展，跑酷的服装已经大体确定下来，主要有以下流派："英伦范儿""传统与反判"是其精神所在，标志性的代表就是肥瘦适中的裤子，以及合身的长、短袖衫；"GUP范儿"，以西班牙GUP团队为首的GUP范儿，在服装风格上带有浓浓的街头风，肥大的裤子和大号的上衣正是为了凸显出GUP动作所特有的飘逸和灵活；"拉脱维亚"风，即夸张的裤裆长和肥大的裤身，整体服装给人以阿拉伯人服装的错觉，服装风格在动作的特点上就是极其兜风；个人风格，指一些具有标杆性人物的服装，如丹尼尔（Daniel）、詹森（Jason）等人的个人服装风格，带有极强的标签性；Cosplay类，顾名思义，即模仿游戏或动漫中的风格，最常见的是刺客信条和蜘蛛侠；"校服党"，中国广大学生群体的服装风格，整体感觉像跑酷早期的服装风格，但实用性相当不错，适合国内的广大学生群体（图1-50）。

图1-49 《暴力街区》电影海报

图1-50 "英伦范儿""GUP范儿""校服党"（从左至右）

（2）滑板运动：滑板（Skateboard）项目可谓是极限运动历史的鼻祖，许多极限运动项目均由滑板项目延伸而来。20世纪50年代末60年代初由冲浪运动演变而成的滑板运动，在当今已成为青年人的流行运动，也是地球上最"酷"的运动（图1-51）。最早的滑板是由爱好者把双排轮滑的支架装在木板上，后来慢慢发展成为现在的滑板。作为一名滑手不可缺少的就是滑板服装，宽松与潮流是滑板服装的主要风格，主要滑板服饰品牌有DC、元素（Element）、万斯（VANS）等。

图1-51 滑板运动的青少年

（3）街舞运动：街舞（Street Dance）起源于美国，基于不同的街头文化或音乐风格而产生的多个不同种类的舞蹈的统称，最早的街舞舞种为 Locking，起源于 20 世纪 60 年代。街舞服饰种类繁多，其中包括：篮球服、宽大的 T 恤、拖地的多兜裤、肥胖的牛仔裤、棒球帽、紧身背心、运动鞋等都可以作为选择。但是在追求时尚，个性化的同时，不要忽视美观，如果不适合你，看上去只是"怪"而不美（图 1-52）。

图1-52　街舞运动的青少年

（4）明星与运动品牌的跨界时尚：自20世纪七八十年代起，各类比赛服装逐渐改变了简单保守的款式，日益向着时尚化设计方向发展，发展的速度几乎与生活中的服装时尚化同步。当今的运动服装结合流行时尚元素已经成为运动服装设计发展的一种重要形式，不管是在外部造型上还是在内部结构上，都紧跟时尚，例如，流行天后的个人时尚运动服饰品牌IVY PARK在Top Shop、Nordstrom、Zalando.com、Net-A-Porter 和英国高档百货Selfridges 合作发售，主要产品包括瑜伽紧身裤、运动内衣、无袖短T 恤和运动夹克等（图1-53）。

图1-53　流行天后碧昂斯（Beyonce）的个人品牌IVY PARK

又如彪马（PUMA）的FENTY PUMA by R IHANNA，是由当今世界级巨星蕾哈娜

（Rihanna）设计的产品线。2016年的FOOTWEAR运动鞋评选（有鞋界奥斯卡之称的评选）中，蕾哈娜被评为 2016 运动鞋女王。除了蕾哈娜（图1-54），彪马还一口气签下了三个在时尚圈人气超高的"网红"，如超模卡拉·迪瓦伊（Cara Delevingne）、刘雯（图1-55），这些时尚圈关注度颇高的红人经常在自己的街拍中穿着蕾哈娜设计的复古款松糕运动鞋，从而在世界范围内带动了这款运动鞋的销量。

图1-54　蕾哈娜与PUMA品牌合作

图1-55　名模刘雯代言PUMA

2. 休闲运动装：日常运动装、校服

"运动休闲"的英文单词是"Athleisure"，是西方近年的新生词，对应了当下时装上的一种风格，这种风格"追求同时满足运动和休闲的需要"（That Works For Both Athletic And Leisure Pursuits）。《华尔街日报》报道称："运动休闲是一种时装设计上的时尚潮流，这种时装可用在锻炼或其他可穿运动装的场合，譬如工作、休闲或社交场合。"《今日美国》给出的定义则是"时尚的，穿着汗衫和运动装"。从单词本身看，"Athleisure"由 "Athletic"和"Leisure"拼凑而成。结合以上解释，休闲运动装的定义为 "可以同时满足运动和休闲需要的一种时装风格"。

（1）日常运动装：运动休闲服装的发展是起源于第二次世界大战的美国，以大众平民化为风格。20世纪70年代，"运动休闲装"作为独立的形象因为轻松随意而广受欢迎。现如今，在高度紧张且压力增大的现代生活中，通过休闲运动缓解压力已成为现代生活的一种趋势，从而也促进了休闲运动风格的形成，全民运动和健身的氛围逐步形成。近年来，各种数据统计、健身类 APP 的涌现也从侧面见证健身的热潮，健身的方式更加多元。明星在社交网络上秀出马甲线和腹肌的照片大受欢迎，健身房成为上班族下班的一大聚集地。

随着时代的发展，不仅越来越多的人加入到日常休闲运动当中，而且现在还将运动分为无氧运动和有氧运动，有氧运动是属于有氧代谢，无氧运动是属于无氧代谢。无氧运动的项目有：短跑、举重、投掷、跳高、跳远、拔河、俯卧撑、潜水、肌力训练（长时间的肌肉收缩）等。常见的有氧运动项目有：瑜伽、步行、慢跑、滑冰、游泳、骑自行车、打太极拳、跳健身舞、做韵律操等。而无论选择有氧运动还是无氧运动，首先要看自己的锻炼目的是什么和选择适合自身需求的运动服，所以日常的运动装已经渗透到人们在运动的方方面面。例如，适合无氧运动的短跑运动服、跳高运动服、潜水服（图1-56）；适合有氧运动的瑜伽服、健身服、滑冰服、跳健身舞的运动服和打太极的运动服（图1-57~图1-59）。

图1-56　短跑运动服、跳高运动服、潜水服（从左至右）

图1-57　瑜伽服、健身服、滑冰服（从左至右）

图1-58　健身舞的运动服　　　　　　　图1-59　打太极的运动服

（2）校服：对于休闲运动风格的运动装除了便于日常运动的服装之外，校服也可纳入休闲运动装大类里。在我国，各大中小学校学生日常所穿着的校服，也是运动服消费中一个非常庞大的"特殊"群体，所以应当被重视。说它特殊，是我国中小学的校服基本都是运动装，但其目的既不是为了竞技运动，也不是为了休闲运动，而是当一种"特殊"的团体制服来穿用。

校服最早起源于欧洲（图1-60），学校为了规范管理，统一着装。一般在学校的重大活动中都会要求学生统一着装，一般学校校服有该校校徽，也直接影响到学校形象。在学校的日常生活中，穿上校服能够展现学生精神抖擞、活力飞扬的一面，也是学生青春时代的专属标志。学生统一穿校服，有利于培养学生的团队精神，强化学校的整体形象，增强集体荣誉感。

中国大陆的校服主要是运动服和统一制服，只有少数学校的校服已更新为西式制服（图1-61），中国台湾通常以水手服为主（图1-62），而中国香港的校服通常为水手服、制服或旗袍（图1-63）。中国大陆的小学、初中、高中基本上都是以运动服为校服，颜色常以蓝色、黑色和红色居多，搭配一小部分白色或黄色。夏天的校服通常是短袖衬衫，有些学校的女生夏季校服是裙子，多数则为男女统一的裤子，对于一些比较薄的冬季校服，可在校服内增加毛衣等保暖衣物。部分学校还有春秋季校服，其厚度介于夏季校服与冬季校服之间，增加学生的选择余地。对于不同季节的校服，除特定场合外，学校一般允许学生自由搭配。

图1-60 欧洲校服

图1-61 中国大陆校服

图1-62 中国台湾校服

图1-63 中国香港校服

运动校服是作为中国的主校服。另一方面，对于许多热爱运动的学生而言，他们更加愿意选择方便且舒适的运动型校服，同时这类校服价格也便宜，可以随时穿着参加各种运动。

3.专业体育类运动服

专业的体育类运动服可以帮助运动员达到严格且高强度的训练目的，除了艰苦的训练目的，新功能型运动装同样也为运动员提供了竞赛优势，让他们离成功更近一步。在这样的趋势下，全球的运动装产业纷纷致力于研发新技术，因此创新的运动装功能日趋增强，让运动员在竞争中稳操胜券。根据收集的资料，业界对专业体育类运动服的分类没有一个详细的界定，大致可分为：田径服、球类服、水上服、举重服、摔跤服、体操服、冰上服、登山服与击剑服等。

（1）田径服：运动员以穿背心、短裤为主。一般要求背心贴体，短裤易于跨步（图1-64）。有时为不影响运动员双腿大跨度动作，还在裤口两侧开衩或放出一定的宽松度。背心和短裤多采用针织物，也有用丝绸制作。

（2）球类服：通常以短裤配套头式上衣，球类运动服需加放一定的宽松量。篮球运动员一般穿着背心（图1-65），其他球类则多穿短袖上衣。足球运动衣习惯上采用圆领（图1-66），排球、乒乓球、橄榄球、羽毛球、网球等运动衣则采用装领（图1-67），并在衣袖、裤管外侧加蓝、红等色彩条。网球衫以白色为主，女子则穿超短连裙装。

图1-64 田径服

图1-65 篮球服

图1-66 足球服

图1-67 乒乓球服

一种采用了独特技术的智能纺织品，可随时监控穿戴者的活动。它是一套迷你数据记录器，置于穿着者衣服后背保护袋中，一连串电极沿着密集嵌入布料中的传感器释放到全身，数据发送器将无线信号和运动员表现信息传到远程电脑。这项技术已应用于足球运动装中，这样教练即可密切关注球场上的每个瞬间、球员的心跳而且还能做出对球员状态的判断。

（3）水上服：水上运动服主要有以下三类。

①从事游泳、跳水、水球、滑水板、冲浪、潜泳等运动时，主要穿着紧身游泳衣，又称泳装（图1-68）。男子穿三角短裤，女子穿连衣泳装或比基尼泳装。对游泳衣的基本要求是运动员在水下动作时不膨胀兜水，减少水中阻力，因此宜用密度高、伸缩性好、布面光滑的弹力、锦纶、腈纶等化纤类针织物制作，并配戴塑料、橡胶类紧合兜帽式泳帽。潜泳运动员除穿游泳衣外，一般还配有面罩、潜水镜、呼吸管、脚蹼等。为职业游泳者设计的服装将泳衣、泳帽、泳镜结合成为一套装备，这种独特的模式使游泳者能够快速、舒适、提高水动力效率。这种游泳装备还可帮助身体减少5.2%的阻力，同时，他们也会利用3D映射技术来测量穿着者头部及面部的尺寸，给用户带来最大化的舒适感。

②从事划船运动时，主要穿着短裤、背心，以方便划动船桨（图1-69）。冬季采用毛质有袖针织上衣。

图1-68　冲浪服

图1-69　划船服

③摩托艇运动速度快，运动员除穿着一般针织运动服外，往往还配穿透气性好的多孔橡胶服、涂胶雨衣及气袋式救生衣等（图1-70）。衣服颜色宜选用与海水对比鲜明的红、黄色，便于在比赛中出现事故时易被发现。轻量级赛艇为防翻船，运动员还需穿着吸水性好的毛质背心，吸水后重量约为3kg。

（4）举重服：举重比赛时运动员多穿厚实坚固的紧身针织背心或短袖上衣，配以背带短裤、腰束宽皮带（图1-71）。皮带宽度不宜超过12cm。

图1-70　摩托艇服

图1-71　举重服

（5）摔跤服：摔跤服因摔跤项目而异。如蒙古式摔跤穿着的是皮制无袖短上衣，又称"褡裤"，不系襟，束腰带，下着长裤或配护膝。柔道、空手道穿着的是传统中式白色斜襟衫，下着长至膝下的大口裤，系腰带（图1-72）。日本等国家还以腰带颜色区别柔道段位等级。相扑习惯赤裸全身，胯下只系一窄布条兜裆，束腰带。

（6）体操服：体操服在保证运动员技术发挥自如的前提下，要显示人体及其动作的优美（图1-73）。男子一般穿通体白色的长裤配背心，裤管的前挺缝笔直，并在裤口装松紧带，也可穿连袜裤。女子穿针织紧身衣或连袜衣，并选用伸缩性能好、颜色鲜艳、有光泽的织物制作。

图1-72　摔跤服

图1-73　体操服

（7）冰上服：滑冰、滑雪的运动服要求保暖，并尽可能贴身合体，以减少空气阻力，适合快速运动（图1-74）。一般采用较厚实的羊毛或其他混纺毛纤维针织服，头戴针织帽。花样滑冰等比赛项目，更讲究运动服的款式和色彩。通常参加花样滑冰比赛的男选手多着紧身、潇洒的简便式，类似燕尾礼服的款式；女选手穿超短连衣裙及长筒袜。

运动装的研发也使用了智能纺织技术，以组成救助系统，旨在滑雪者遇到雪崩时，穿戴的系统就会发出求救信号，这种安全技术让滑雪者在特技表演时更加从容自信。而且这种运动装还带有塑料护肘、护膝，也有对其他容易受伤部位的保护。

目前已有商家通过附着在运动装上的传感器来达到保暖的目的，甚至能够通过天气环境自动调节体温。

（8）登山服：竞技登山一般采用柔软耐磨的毛织紧身衣裤，袖口、裤口宜装松紧带，脚穿有凸齿纹的胶底岩石鞋（图1-75）。探险性登山需穿着保温性能好的羽绒服，并配有羽绒帽、袜、手套等。衣料采用鲜艳的红、蓝等深色，易吸热和在冰雪中被识别。此外，探险性登山也可穿用腈纶制成的连帽式风雪衣，帽口、袖口和裤口都可调节松紧，以防水、防风、保暖和保护内层衣服。

图1-74 滑雪服

图1-75 登山服

（9）击剑服：击剑服首先注重护体，其次需轻便。由白色击剑上衣、护面、手套、裤、长筒袜、鞋配套组成。上衣一般采用厚棉垫、皮革、硬塑料和金属制成保护层，用以保护肩、胸、后背、腹部和身体右侧（图1-76、图1-77）。按花剑、佩剑、重剑等不同剑种，对运动服保护层的要求略有不同。花剑比赛的上衣，外层用金属丝缠绕并通电，一旦被剑刺中，电动裁判器即会亮灯；里层用锦纶织物绝缘，以防出汗导电；护面为面罩型，用高强度金属丝网制成，两耳垫软垫；下裤一般长及膝下几厘米，再套穿长筒袜，裹没裤口。击剑服应尽量缩小体积，以减少被击中的机会。

图1-76 Uhlmann男士击剑服上衣与裤子

图1-77 穿着击剑服的运动员

随着运动装制造商越来越青睐于功能化，运动装市场不断增长。越来越多的普通人开始追求积极健康的生活方式，热爱探险运动和娱乐休闲，所以运动装的增长是大势所趋。机能性运动服饰及运动装已蔓延到许多领域，如游泳、徒步旅行、滑雪、单板滑雪、骑行、冲浪、登山、航海中，这类服装不仅为专业运动员量身打造，也促使大众市场迅速发展。

4.户外运动装

"户外运动"的英文为 Outdoor Sports，它包括的内容广泛，从一般的郊游或徒步旅行到登山、攀岩、山地自行车、漂流、滑翔等。户外运动业是我国的朝阳产业，有很大的发展潜力。户外活动服装的种类和款式也很多，如登山有专门的登山防风衣和背带裤，滑雪也有专门的连体滑雪服等，这些统称为户外运动装。

（1）按功能划分：根据这些衣服的功能大致可以把它们分为三类，即从内到外的三层，通常称为内层服装、保暖层服装和外套层服装（图1-78）。它们的主要特征就是剪裁紧凑、功能性强，主要包括防风防雨性、透气透湿性、保温性、耐磨性、抗拉伸撕裂性、安全标识性等。

图1-78　内层、保暖层、外套服装（Adidas官网）

（2）按运动量划分：按运动量可以分为轻运动量的户外运动装，如郊游、慢跑等（图1-79）；一般运动量的户外运动装，如徒步旅行、登山等；强度大运动量的户外运动装，如攀岩、滑雪、滑翔等。

图1-79　郊游、慢跑（从左至右）

（3）按运动环境划分：按运动环境可以分为陆地环境旅行、攀岩、登山等；水中环境漂流、冲浪等；空中环境滑翔等三种（图1-80）。

图1-80 攀岩、冲浪、空中滑翔（从左至右）

（4）按款式划分：按款式可分为连体式和分体式（图1-81）。

图1-81 范德安连体泳衣、范德安分体泳衣

（5）按运动类别划分：按运动类别可分为极限运动服装，极限运动是结合了一些难度较高且挑战性较大的组合运动项目的统称，如空中滑翔速降（图1-82）、滑板、极限单车、雪板、空中冲浪等；亚极限运动服装，亚极限运动是指运动难度低于极限运动，如轮滑（图1-83）、自行车、室内攀岩、摩托车赛等；休闲运动服装，休闲运动是一种以休闲为目的的体育活动，如健身、健美操、啦啦队（图1-84）、普拉提、体育舞蹈、街舞、瑜伽等。

图1-83 轮滑

图1-82 空中滑翔　　　　　　　　图1-84 啦啦队

（6）按三层着装原则划分：根据三层着装原则，可分为基本层、中间层和最外层。基本层需要通风性良好，可以根据使用者的需求进行不同领口的设计，目前设计有拉链式、V领、圆领三种；中间层应能形成聚集在衣服内的空气层，以达到隔绝外界冷空气与保持体温的效果，一般采用羽绒或拉绒（图1-85）；最外层服饰最重要的是具有防水、防风、保暖与透气的功能，除了能够将外界恶劣天候对身体的影响降到最低之外，还要能够将身体产生的水汽排出体外，避免让水蒸气凝聚于中间层，使得隔热效果降低而无法抵抗外在环境的低温或冷风（图1-86）。

图1-85 The North Face户外羽绒服

功能展示

拉链式可拆卸
ZIP IN自由搭配
温度随心掌控

脱下拉链
贴心设计
通风透气

GORE-TEX

GORE-TEX
防水透气
持久舒适防护

图1-86　The North Face户外冲锋衣

在户外运动装这个领域，中国的体育用品品牌商也在积极开拓，已经开始从生活方式的角度来进行推广。从以上分析来看，户外运动不仅仅是一项体育运动，更是一种健康的生活方式。

三、按运动装的品类分类

查阅有关运动装品类分类的资料与文献，大致将运动装的品类分为：T恤类服装、外套类服装、水上运动类服装与冰雪运动类服装。

1.T恤类服装

T恤，是运动装家族的基本成员，它既可以是网球、足球、高尔夫等运动的标准运动装，也是很多运动装的基本装，或称为运动内衣，有长袖、短袖、圆领或翻领。最初的T恤为第一次世界大战的士兵们所穿着的内衣，因其简单得像T字的外轮廓而得名。在第二次世界大战时则成为很常见的工作服，现在已经是人们日常生活中必不可少的一种休闲服装。从运动装品牌到时装品牌都在销售T恤，T恤的款式和种类也渐渐丰富起来。其中，著名的Polo Shirt Lacoste，是众所周知的T恤品牌，它是1926年法国的网球冠军勒内·拉科斯特（Rene Lacoste）设计的网球装（图1-87）。足球恤（Soccer Shirt），是1980年开始在欧美市场盛行的运动装（图1-88）。球迷们在观看比赛时穿着有自己喜爱的足球俱乐部标志的足球T恤来表达自己对球队的支持，使足球运动装从运动场走进了人们的日常生活。这些服装通常是采用俱乐部的标志色彩，有俱乐部的标志，还写有俱乐部所在的城市或国家。著名的足球俱乐部都设有自己的运动用品店，为自己的球迷准备了丰富多彩的俱乐部纪念品。

图1-87　全球第一款POLO衫

图1-88　2014~2015Bayern Munich Home足球训练服

2. 外套类服装

外套类服装也是运动装的基本类型，它采用机织类和针织类的面料，针对不同运动的特点有不同的款式。常见的综训套装（Warm Suit or Tracksuit），其特点是分成上下两件式，轻便随意，现在已成为人们的日常休闲服装。综训套装用于运动前的热身或运动后保持体温，防止肌肉因温度变化而僵硬的需要。综训套装还广泛用于团队运动中，统一的款式和色彩会强化团队的整体形象，在各种比赛的领奖台上，运动员们一般都穿综训套装，因为它的设计能够展示运动员的国籍、名称等信息（图1-89）。

图1-89　参加奥运会的运动员

此外，健身和日常运动中也需要穿着运动套装，这种运动装是采用弹性面料制成的分体式或连体式的室内健美服装或室外跑步或其他运动的服装。在田径赛场上，运动员们穿着分体式的运动装或连体式的运动装，如1988年汉城的夏季奥运会上，美国短跑名将乔伊娜（Florence Griffith-Joyner）在比赛时穿着一件亮丽的连帽式、单裤腿跑步装打破了世界纪录，给观众们留下了极为深刻的印象。

3. 水上运动类服装

水上运动的种类十分丰富，水上运动服装的产生和发展也有很长的历史（图1-90）。从早期的泳装和沙滩装到现在的各式各样的水上运动装，其在面料的技术上和款式上都发生了很多变化。针对高竞技的游泳比赛，为提高速度而开发的专业型泳衣也有很大进步，特别是针对泳装面料的研发和裁剪技术引起人们的关注。

泳装的款式设计也很强调时尚感，在裁剪和面料的设计上不断推陈出新，带给人们美的享受。时尚的泳装同样注重面料的开发，一种名为JS006的泳装面料就是能够使皮肤在不受到阳光紫外线的伤害的同时，晒成漂亮健康的古铜色。随着冲浪运动的流行，能够保护体内温度、防水和具有弹性的连体冲浪服装也受到人们的喜爱。而在沙滩上嬉戏休闲的沙滩服装也融入了运动服装的特点（图1-91）。

图1-90　早期的运动泳衣　　　　　　　图1-91　阿瑞娜防晒伤泳衣

4. 冰雪运动类服装

运动装的款式设计丰富，很多以单品的形式出现。如运动用的夹克或运动用的裤装，它们都有不同的设计特点，供人们根据自己的需要自行选择和搭配。运动装夹克主要指在户外的运动环境中给运动者提供保护的服装（图1-92）。特点最突出的户外运动夹克，又称冲锋衣，是一种能够防风、防雨、防雪而又透气的服装。在户外气候和地理环境对人产生威胁时，这样的夹克能够对运动员起到防护作用。

户外运动夹克将高科技面料与功能性的款式设计相结合，为那些在极限气候和地理条件下的运动员们提供特殊的保障（图1-93）。裤装也是运动装款式中的基础款式，它有短裤、长裤，也有可以通过拆卸改变长度的款式，面料的选择也很丰富。根据运动特点的不同，裤装的设计也有不同。滑雪裤就是很有特点的一种运动裤装。首先，滑雪裤是用于冬季的滑雪运动，它需要在功能上具备防雪水、保暖和透气的特点，由于滑雪运动时身体的姿态和平时区别很大，滑雪裤的裁剪也要符合运动姿态的特点，需要设计前弯式的板型来配合运动的姿态。因为滑雪裤的保暖性能和舒适的立体裁剪板型，现在它已成为很多人冬季的日用服装。

图1-92　探路者冲锋衣

图1-93　户外滑雪套装

第三节　运动品牌的分类

早期的国际知名运动装品牌基本诞生于欧洲或美国，这和现代运动的普及和发展都集中在这些地域有很大的关系。这些国家在现代体育的发展中一直处于领先地位，对运动的普及和发展起到了推动作用。有些品牌在运动装的发展过程中有着特殊的影响，并在品牌的发展和成长过程中形成了独具特色的品牌文化。这些蕴含着创意和风格的品牌，吸引着众多的体育迷，他们在选择运动装的同时，也被品牌背后的独特风格所吸引。

随着我国逐渐成为世界体育强国，对拥有自己的著名运动服装品牌的呼声也越来越高。目前，我国也逐渐产生了不少运动服装品牌，但是在设计和技术研发上还需要向那些国际知名品牌进一步学习，设计出创意新颖、品质优异的运动装。

在类别繁多的各种运动项目中，各个不同的项目都有自己优秀的服装和装备的品牌。国际知名运动装品牌往往是从一个运动单项的产品开始，逐渐扩展到多个运动项目的产品。在占领巨大的运动服装消费市场的同时，也注重品牌特色的推广。有的品牌注重专业性，它们经常在国际赛事上展示其风采；有的品牌注重融合时尚和潮流，与国际知名时装设计师联手，强调运动时尚的理念；还有一些品牌从诞生之际就专注于大众的休闲运动，在高尔夫运动或休闲旅游时经常被人们穿用。随着户外运动的迅猛发展而被大家所了解的户外运动装品牌也独具特色。

在中国市场上，运动装品牌到目前为止约有200多个，国产品牌较有知名度的大约有30多个，如安踏、李宁、鸿星尔克等，截至目前在沪、深、港交易所上市的有13家运动装企业。

国外品牌有耐克（NIKE）、阿迪达斯（adidas）、茵宝（UMBRO）等，高端运动品牌店在一线城市分布较为集中。

一、国内知名运动服装品牌

1. 李宁（LI-NING）

李宁公司（图1-94）是中国家喻户晓的"体操王子"李宁先生在1990年创立的体育用品公司。经过二十多年的探索，李宁公司已逐步成为代表中国的、国际领先的运动品牌公司。从成立初期率先在全国建立特许专卖营销体系到持续多年赞助中国体育代表团参加国内外各种赛事；从成为国内第一家实施ERP的体育用品企业到不断进行品牌定位的调整，再到2004年6月在香港上市，李宁公司经历了中国民族企业的发展与繁荣。

李宁公司还采取多品牌业务发展的策略，在聚焦自有核心李宁品牌的同时，还与Aigle International S.A成立合资经营，并获授予专营权在中国生产、推广、分销及销售法国艾高（AIGLE）品牌户外运动用品；并透过附属公司从事生产、研发、推广及销售红双喜品牌乒乓球及其他体育器材；获得Lotto Sport Italia S.P.A旗下公司授予独家特许权，在中国开发、制造、推广、分销及销售意大利运动时尚乐途（lotto）品牌特许产品；以及从事凯胜（KASON）品牌羽毛球专业产品的研发、制造及销售。

图1-94　李宁品牌Logo和品牌官网宣传海报

2. 安踏（ANTA）

1991年，ANTA（福建）鞋业有限公司在福建省晋江市成立（图1-95），安踏品牌应运而生。经过二十多年的发展，安踏已经成为国内体育用品品牌的领跑者。2014年，安踏逆势上扬，零售转型大获成功。

安踏是中国体育用品零售转型的引领者。2013年初，安踏高瞻远瞩，审时度势，在国内体育用品行业发展放缓的环境下，加快自身变革，在整个集团实施大刀阔斧的改革，实施零售转型战略，即从原来的品牌批发模式转型升级为品牌零售模式。经过两年的实践，安踏探索出一套完整的、符合安踏发展的零售管理系统和零售文化系统。安踏零售转型初具成效，率先走出体育品牌行业低谷，得到业界同行的肯定和学习。

图1-95　安踏品牌Logo 和官网2019春季新款机织连帽运动上衣

3. 探路者（TOREAD）

探路者是成立于1999年的中国领先户外品牌（图1-96），是一家专业设计、开发、生产和销售户外运动用品的公司。自创建以来，探路者始终坚持"勇于持续创新，追求卓越品质"的品牌理念，产品系列迅速拓展，目前已囊括从露营装备、野外鞋服到专业登山器材，常规供货超过千种。由于探路者产品品质可靠、广泛应用最新科技材料、产品性价比具有竞争优势而深受户外运动爱好者的欢迎。

图1-96　探路者（Toread）Logo和官网宣传海报

多年来探路者一直倡导让更多的人体验露营休闲、山野探险等户外活动，让松弛疲惫的神经感受亲近大自然的种种乐趣，让这一健康向上的休闲方式成为中国人生活的一部分。我们成立了探路者户外运动俱乐部并在全国各地进行推广，初步形成了资源共享的俱乐部活动网络；探路者每年协同中国登山协会举办全国性户外运动大赛，除此之外，还大量赞助各大学及社会各界的极限探险活动，积极推动户外运动在中国的普及。2005年，探路者支持可可西里藏羚羊保护区持续开展保护生态工作，并倡议全国探路者用户积极响应，体现了探路者关注环境、关注生态、源自社会、回报社会的企业精神。

4. 赛琪（SAIQI）

赛琪体育用品有限公司成立于1992年（图1-97），经过二十几年的市场历练，现已发展成为一个集产品研发、生产管理、渠道运营于一体的强势体育运动品牌，销售网络遍布全国，产品远销世界各地。

图1-97　赛琪品牌Logo和官网宣传海报——无缝一体系列

赛琪自创立以来，一直专注于体育运动产品和科技的自主研发设计，为顾客提供三大品类的主营产品，分别为运动服装、运动鞋、运动配件。赛琪研发生产基地始终以丰富的国际视野和领先的创新开发能力，研发上拥有200多个专利，并先后获得"中国驰名商标""世界知名品牌""国家免检产品""中国名牌产品"等荣誉。

二、国外知名运动服装品牌

1. 阿迪达斯（adidas）

adidas（阿迪达斯）（图1-98），是源自德国的世界级专业体育品牌。阿迪达斯始创于1920年，德国人鲁道夫（Rudolf）和阿迪（Addy）两兄弟开办的达斯勒制鞋厂。发展几年之后，兄弟俩建立了自己的公司，起名为"阿迪达斯制鞋厂"。adidas创办人阿迪·达斯勒（Adi Dassler）本人不但是一位技术高超的制鞋家，同时也是一位运动家，他的梦想就是为运动员们设计制作最合适的运动鞋。1948年他创立了adidas——阿迪达斯品牌，并将他多年来制鞋经验中得到的利用鞋侧三条线能使运动鞋更契合运动员脚形的发现融入新鞋的设计中，adidas品牌的第一双有三条线造型的运动鞋便在1949年呈现在世人面前。

adidas以标志区分为两大系列的分类产品，胜利的三条线的专业系列和三叶草的时尚系列。adidas在体育界一直拥有特殊的地位，自1948年创立至今，adidas帮助国内外无数的运动选手缔造佳绩，赞助了奥运会和世界杯等大量著名的国际体育比赛，它也是2008年北京奥运会的合作伙伴。因此，胜利的三条线时常出现在人们眼中，adidas成为了专业体育服装的典范。坚持以高品质、高科技产品来保证穿者在运动中的需求及完美运动表现——是adidas品牌的特点。三叶草的经典系列，在近几年来十分注重设计的风格和创意，在每一个产品系列中都注入运动文化的内涵，注重与时尚的结合。

图1-98 adidas品牌Logo 和官网宣传海报

2. 耐克（NIKE）

NIKE（图1-99）是全球著名的运动服装品牌。从新产品的开发、新技术的推广到品牌的影响力，耐克公司在运动装领域都处于领先地位。1972 年，运动员出身的菲尔·奈特（Phil Knight）和著名的体育教练鲍尔曼（Bowerman）在训练和比赛中发现鞋的重量十分关键，决定自己设计和制造跑鞋，并给这种鞋取名为耐克，这是依照希腊胜利之神的名字而取的。同时，他们还发明出一种独特标志 Swoosh（意为"嗖的一声"），它极为醒目、独特，每件耐克公司制品上都有这种标记。

图1-99 NIKE标志和官网宣传海报——AIR FORCE1系列

1975年，鲍尔曼在烘烤华夫饼干的铁模中摆弄出一种丙烷橡胶，制成一种新型鞋底，这种"华夫饼干"式鞋底上的小橡胶圆钉，使它比市场上流行的其他鞋底的弹性更强。这种产品革新看上去很简单，但它却成就了菲尔·奈特和鲍尔曼的事业。从耐克诞生以来，公司设计研发的运动鞋有140多种不同式样的产品，其中很多产品都在设计和技术上处于领先地位，这些样式是根据不同脚型、体重、跑速、训练计划、性别和不同技术水平面设计的。耐克公司研发的运动装也是种类繁多，从专业的竞技和训练装，到人们日常休闲运动的服装都有涉及。在 NIKE TOWN（耐克体育用品城）可以看到健身运动、网球、篮球、足球、高尔夫、户外运动等各类服装和服饰品。

3. 茵宝（UMBRO）

UMBRO（茵宝）（图1-100），是拥有95年历史的国际知名品牌，是来自英国的世界著名专业足球服装及装备供应商。英国的堪富利士兄弟于1924年创立UMBRO（茵宝），兄弟俩以他们英文名（HUMPHREY　BROTHERS）内的五个英文字母合并成UMBRO一词，再配以钻石双菱形图案成为今日UMBRO的注册商标。英格兰国家足球队的参赛服装就是由UMBRO（茵宝）提供的。

图1-100　UMBRO（茵宝）品牌Logo和官网宣传海报——2019 SPRING

已有90多年历史的茵宝，对一切与足球有关的装备一应俱全，使运动员能够充分发挥他们的运动潜能。在茵宝的成长历程中，曾伴随多支绿茵豪强一起夺得世界杯殊荣，其中包括1966年世界杯冠军英格兰队，而同年亦是茵宝最辉煌的历史时刻，当时进入最后16强的队伍中就有15支球队穿着茵宝的球衣。茵宝一直以专注足球的品牌理念稳步发展，现今已成为世界上著名的专业足球服装及装备供应商。

4. 背靠背（Kappa）

Kappa 是知名度高、以时尚为特色的意大利运动装品牌（图 1-101），诞生于 20 世纪 70 年代的意大利，具有亲和力的外在表现和崇尚年轻人文化的影响力是 Kappa 品牌获胜的法宝。

各国国旗的色彩和国家名字的英文拼写经常出现在Kappa的服装上，它的标志是一对背靠背的男女也非常有特色，人们有时会直接以"背靠背"来称呼 Kappa品牌。1981年，Kappa签约赞助了意大利尤文图斯足球俱乐部，随后又成功赞助了参加1984年美国洛杉矶奥运会的国家田径队。Kappa品牌所采用的创新面料、令人难忘的设计和代表品牌语言和品牌形象的产品起了关键性的作用，使Kappa品牌的知名度得以迅速提升。Kappa的时尚运动装的品牌定位，使Kappa的市场在世界范围内高速增长。目前，Kappa已经进入到欧洲、亚洲、美洲、大洋洲和非洲的60多个国家和地区。

图1-101　Kappa品牌Logo和官网宣传海报——KAPPA BANDA系列

5. 匡威（CONVERSE）

　　始创于1908年的CONVERSE（匡威）是生产帆布鞋的品牌，无论是销量上还是设计上都堪称世界第一（图1-102）。1917年世界第一All Star（全明星）帆布鞋在美国CONVERSE（匡威）公司诞生，20世纪初素有"篮球大使"之称的美国职业篮球巨星查克·泰勒（Chuck Taylor）对这款新面世的帆布鞋爱不释手，热心地向身边的朋友、篮球选手和教练推荐All Star帆布鞋，并根据篮球运动对运动鞋的要求和切身体会，亲自参与All Star帆布鞋的改良设计，使它更适合于篮球运动。

图1-102　CONVERSE品牌Logo和官网——运动夹克

　　1923年，CONVERSE（匡威）公司为表彰查克·泰勒对All Star帆布鞋所做的贡献决定，把他的签名作为All Star商标的一部分，Chuck Taylor All Star帆布鞋于是诞生了。半个多世纪过去了，全明星经典帆布鞋已成为全世界家喻户晓的帆布鞋的代名词，它创造了全球唯一单一鞋型销售六亿双的纪录。同麦当劳、可口可乐、福特汽车、李维斯牛仔裤一样成为美国传统文化精神的标志。

6. 彪马（PUMA）

PUMA 1948 年成立于德国荷索金劳勒（Herzogenaurach），创始人是鲁道夫·达斯勒（Rudolf Dassler）（图 1-103），它是距今已有 71 年历史的运动服装品牌。PUMA 成功地融合运动与时尚元素，将其打造成时尚运动品牌。PUMA 能够将专业运动和时尚潮流完美地融合在一起，更得力于它的国际顶级设计团队。曾任 GUCCI 和 PRADA 的资深男装设计师尼奥·贝奈特（Neil Barrett），也曾任过 PUMA 的创意总监。同时，国际级名模、资深瑜伽教练克莉丝蒂·杜灵顿（Christy Turlington）为 PUMA 设计了女性瑜伽服装，曾任路易威登的创意设计总监马克·雅可布（Marc Jacobs）都与 PUMA 有过密切的合作。

图1-103   PUMA品牌Logo和官网宣传海报——CELL VIPER系列

专业运动和休闲兼容的理念使PUMA设计了它的产品系列，提倡运动装不仅仅可以在健身房和运动场所里穿着，同时也适合在日常场合穿着。革新、品味、时尚是PUMA一直坚持的宗旨，也是PUMA的独特之处。

7. 诺帝卡（NAUTICA）

NAUTICA 品牌由华裔设计师朱钦祺（David Chu）先生 1983 年在纽约创立（图 1-104），并担任该品牌的首席设计师，他凭借 6 件男装外套将简练的风帆标志扬名国际舞台。NAUTICA（诺帝卡）的名称源自拉丁文"Nauticus"这个航海语，其服装哲学乃是崇尚海洋生活，富含自然色彩，既充满活力又无拘无束。NAUTICA 撰写了"美式经典现代演绎"的时装界传奇。

图1-104   NAUTICA品牌Logo和官方网站宣传海报——轻奢黑帆系列

NAUTICA的设计理念突出了功能和细节上的尽善尽美，以一系列富有现代气息的经典设计勾勒出"活力、探险、积极"的现代生活方式。2005年初，NAUTICA在纽约发布全球市场新主题——领航人生（Navigate life）、经典（Timeless）、平衡（Balanced）、活力（Energetic）是其核心元素。当你面对事业、面对责任时，当你面对生活中的各种关系时，当你想暂离紧张的生活而自由探求天地时，NAUTICA的"领航人生"让你游刃有余，保持平衡，成为生活的领航者。NAUTICA的产品系列包括休闲装、男女牛仔服系列、休闲鞋等多条产品线。

8. 万星威（Munsingwear）

Munsingwear（万星威）是全球首家高尔夫服装品牌（图1-105），是诞生于1955年以企鹅商标闻名世界的美国品牌，它以"美式传统风格"为基础，提倡舒适性与机能性的有机结合，向无数高尔夫爱好者展示了它独具魅力的风采。

图1-105　Munsingwear品牌Logo和官方网站

高尔夫运动也因此突破了传统意识，在"信赖"与"安心"前提下更加趣味十足。它的诞生，从真正意义上说，是高尔夫服装传说的开始。它的成长，是见证时代发展的标志。20世纪60年代它以轻便的款式受到高尔夫球爱好者的好评；70~80年代，引领当时高尔夫服装潮流；如今，Munsingwear突破传统的高尔夫意识，将高科技的面料、精湛的缝制工艺、灵动的设计元素融入到新服装的开发中，让人在任何场合都能尽显优雅与尊贵，演绎时尚休闲服装的新概念。

9. 北面（THE NOKTH FACE）（TNF）

THE NORTH FACE（TNF）（北面）这一名称的意思——山峰的北坡，即最难以攀爬的一侧，暗指真正的登山爱好者，永远无所畏惧，迎难而上（图1-106）。经过53年的发展，TNF已经成为知名的户外运动服装及装备品牌。THE NORTH FACE诞生于1966年，最初是由两位狂热的徒步旅行者在美国旧金山成立的一家小的专门经营登山用品的零售店，随着户外运动在美国的兴起而逐渐发展壮大，成为一家出售专业登山和徒步装备的公司。

1968年，THE NORTH FACE（北面）开始设计、生产并出售自己品牌的户外装备，发展到20世纪80年代末，TNF已成为全美国唯一一家生产范围涵盖外套、滑雪服、背包、帐篷等一系列户外用品的生产商。90年代是TNF大放异彩的时光。1996年，他们推出的Tekware系列开创了户外服装新纪元，其革命性的材料和设计，使得TNF成为美国5A级户外探险用品公司。

图1-106　THE NORTH FACE（北面）品牌Logo和男冲锋衣

10. 始祖鸟（ARC′TERYX）

ARC′TERYX（始祖鸟）是1989年创立于加拿大的户外服饰品牌（图1-107），也是户外运动发烧友最爱讨论的户外运动装的顶级产品。产品的设计具有领先的设计理念，风格简练，特别注重高科技材料的运用，在服装的板型结构上有创新的设计，也很注重在细节上的推敲。

图1-107　ARC′TERYX（始祖鸟）品牌Logo和官网宣传海报

2002年ARC′TERYX公司被Adidas-Salomon集团收购，随后，伴随2005年Salomon从Adidas-Salomon集团分拆售予芬兰Amer Sports集团，如今ARC′TERYX是Amer旗下Salomon集团的子公司。但是ARC′TERYX仍然保持了其在温哥华的独立运营，虽然有部分附属产品的生产转移至新西兰、越南和中国等地。ARC′TERYX的产品线今天依然只涉及户外服装、背包和攀登护具。2019年2月25日，安踏体育公布收购"始祖鸟"母公司 Amer Sports

Corporation，要约人已收到墨西哥联邦经济竞争委员会有关完成要约收购的必要批准。至此，安踏牵头的财团获得收购芬兰运动品牌Amer Sports所需的全部官方批准。

11.巴塔哥尼亚（patagonia）

patagonia（巴塔哥尼亚）是美国户外品牌（图1-108）。在户外服装的设计上注重对户外运动理念的发掘，将一种与自然为友的生活方式作为设计的核心。色调的设计上注重与自然的和谐，图案的设计时尚感很强，还注重产品的尺寸和裁剪及细节设计，风格自然细腻，产品类型全面，在产品系列里有专为女性设计的各种户外穿着的裙装。

patagonia（巴塔哥尼亚）注重绿色环保的理念，这是它的品牌特色，并且把这一特色融入到每一个环节中。例如，产品材料选择一些可回收、绿色有机的原料，像它的抓绒产品是采用回收的饮料瓶原料制成的，棉制的T恤采用的是有机棉，特别受环保人士的推崇。

12.哥伦比亚（Columbia）

Columbia（哥伦比亚）是美国历史悠久的户外服饰品牌（图1-109），产品的

图1-108　patagonia品牌Logo和官方网站宣传海报
——2019早春

种类丰富，适应的人群广泛，还有独具特色的休闲系列产品。品牌创立于1938年，最初以制造雨衣、雨帽为主，其后不断发展成为多元化的户外品牌。Columbia注重对功能性面料的研发，在Columbia的户外产品中也广泛采用了自己研发的防风、防水、透气面料和速干面料。产品切合户外运动的需要，结合自己研发的面料为户外爱好者提供了专业的保护、舒适和灵活性。

图1-109　Columbia品牌Logo和官方网站宣传海报——2019春夏

经过不断发展，Columbia（哥伦比亚）的业务不断扩充，销售遍及全球各地。同时，也受到了各界的好评，荣获多项殊荣。时至今日，Columbia（哥伦比亚）的产品系列已由最初的雨具、雨衣扩展到户外夹克、多功能裤、T恤、背包及户外运动鞋等全天候户外服饰，深得户外活动发烧友拥戴之余，更受到世界各地人士的欢迎，成为全球顶级的户外服装品牌。

13. 山浩（MOUNTAIN HARDWEAR）

MOUNTAIN HARDWEAR（山浩）是美国顶级户外服装品牌之一（图1–110），其产品以选材精良、设计创新、做工精湛和一流裁剪而著称，尤其是硬壳户外服装，被视为户外服饰品牌中的引领者。在户外服装的设计上注重功能的开发和细节的设计，并将服装的功能性和美观性进行了很好的融合。细节设计的舒适化体现在很多地方，例如，在裤子的腰部内侧，采用了手感柔软、吸湿速干的衬里。在服装的立体结构设计上简洁、合理并和高性能面料进行了很好地结合。

图1–110　MOUNTAIN HARDWEAR品牌Logo和官方网站宣传海报

1996年，MOUNTAIN HARDWEAR成功击败其他对手，为MOUNTAIN HARDWEAR再度夺得 *Backpacker* 杂志所颁发的"编辑之选"大奖。它的Synchro外套首次在防水面层加上坚固而有弹性的热压胶条，令这系列的衣物代表了防风保暖外套的真正突破。凭借这项创新设计，Synchro获得欧洲最大型的户外运动用品展览。

14. 狼爪（Jack Wolfskin）

Jack Wolfskin（狼爪）是德国一个著名的户外运动品牌，在欧洲享有盛誉（图1–111）。自1981年创立以来，因其风格大方、质量上乘而备受好评，被认为是德国户外的第一大品牌。其品种丰富，有针对不同户外运动级别需求而设计的产品，还有为儿童设计的童装户外服，背包、户外鞋、帐篷、睡袋等各类服装配件装备也满足了从郊游远足到攀登高山的不同需求。

Jack Wolfskin（狼爪）每一件产品的基本原理就是完美结合最佳的功能性和最高的舒适度。他们坚信，户外运动应该是充满乐趣的，产品应当帮助使用者获得舒适的户外体验。整个产品线包括为户外运动、旅游和休闲专门设计的功能性服装、用具以及鞋品，分为"户外登山""旅行远足""都市户外""休闲野趣"等系列。

图1-111 Jack Wolfskin品牌Logo和官网——登山防风上衣

15. 乐飞叶（Lafuma）

Lafuma 是法国的一个户外休闲品牌，成立于 1930 年（图 1-112）。品牌的户外服装产品类型丰富，款式多样。在户外装设计理念上兼具了时尚和休闲的理念，在欧洲市场也很有知名度。其主要产品包括各类男、女及儿童的户外服装、旅游包袋、户外鞋、帐篷及各类野营用品，既有用于极限运动的专业服装，也有许多日常穿着的休闲、徒步的服装。

Lafuma 主张人与自然和谐相处，保护人类赖以生存的自然。Lafuma 是世界上最早与国际环境组织（International Environment Organization）合作，将环保的可再生面料运用到产品中的户外品牌之一。Lafuma 标识上凡是带有 Pure Leaf 字样的产品均引入了生态环保理念，从材质的选择到运输过程中的每一个环节均尽可能将二氧化碳的排放量减到最低，这也成为了户外品牌中的经典之作。

图1-112 Lafuma品牌Logo和官网——2019春女士冲锋衣

16. 沙乐华（SALEWA）

SALEWA 起源于 1935 年的德国（图 1-113），是欧洲著名的户外运动休闲品牌。经过 80 多年的发展，成为一个专业户外服装与运动装备的品牌。SALEWA 的户外服装注重功能的先进性，大量采用高科技功能性材料，并注重服装的板型和细节的设计。SALEWA 的 5C 系列是注重休闲时尚的户外服装，突出轻便、休闲的度假风格，并有针对女士和儿童的户外产品。

图1-113 SALEWA品牌Logo和官方网站宣传海报——2019春夏

1956年，SALEWA在经过长期的市场调研，充分把握冬季的户外运动用品市场的发展机会，推出高品质的滑雪橇，命名为Sperber；专门为极地探险队设计了新型的极地登山包、冰镐和冰爪；并与Edelried合作进行绳索的生产。同年，SALEWA赞助由Hermann Huber组织的安迪斯山脉探险队攀越Blanca山活动获得成功。1962年，SALEWA成功开发生产了SALEWA最成功的产品之一轻质可调节冰爪Crampon，使冰爪得到了跨越性的发展，而且冰爪的生产标准广泛沿用至今。2003年，SALEWA成功收购了世界著名的滑雪品牌DYNAFIT（世界上唯一一个生产全系列滑雪器材的公司）。2015年，图途（厦门）户外用品有限公司成为SALEWA品牌中国区总代理，标志着SALEWA雄鹰将再次振翅高飞。

思考与训练

1.简述运动服装的特点。

2.选择2~4个知名运动服装品牌进行实体店铺调研，观察其品牌的产品设计，并进行素材搜集。

基础知识

第二章　运动装设计要素

课程内容： 运动装设计三要素

运动装着装环境要素分析

运动装功能性要素分析

课题时间： 6课时

训练目的： 让学生了解运动装的审美要素，掌握运动装设计的功能要素，在运动装设计时应考虑哪些着装环境分析；对运动装面料要素分析、运动装与人体结构要素分析要有清晰的认识。

教学方式： 通过理论讲解、图片演示及案例分析，阐述并分析运动装设计的要素。

教学要求： 1.了解运动装的审美要素、功能要素分析。

2.把握运动装着装环境的分析，考虑不同种类的面料有何区别。

课前准备： 提前了解5~10个运动装品牌，查找有关品牌产品的最新设计风格、功能设计、新型面料设计等，并查阅近年来有关描述运动装新型面料的参考文献。

第一节　运动装设计三要素

造型、色彩、材质是服装设计的三大要素，同样也适用于运动装设计中。运动装的设计必须充分结合造型、色彩、材质三要素，体现材质、色彩、造型、结构和工艺等多方面相结合的整体美感。

一、造型与运动装设计

运动装的造型可分为外造型和内造型，其外造型主要指服装的轮廓剪影，内造型主要指服装内部的结构造型，包括结构线、省道、领型、袋型等。

1.外轮廓元素

外轮廓元素指服装的外部造型，即剪影轮廓。服装造型的总体印象是由外轮廓决定的，它进入视觉的速度和强度高于服装的内轮廓，是服装款式设计的基础。运动装常规廓型有 A、X、Y、O、H 等细分，如图2-1所示。

图2-1　Y-3品牌常规H型、X型运动装

2.内轮廓元素

内轮廓元素指服装的内部造型，即外轮廓以内的零部件的边缘形状和内部结构的形状，如领子、口袋等零部件和衣片上的分割线、省道、褶裥等内部结构均属于内轮廓元

素的范围。如图 2-2 所示为 Y-3 品牌的时尚运动装和 adidas 运动装，线性结构线的分割与撞色织带结合在一起进行设计，分割线与褶裥结合。

adidas 运动装　　　　　　　　Y-3 运动装

图2-2　adidas、Y-3时尚运动装

（1）运动装内部结构线与人体运动美学：结构线指体现在服装各个拼接部位，构成服装肢体形态的裁剪、缝纫线。运动会引发人体体表变化，所以运动服装需针对不同类型的运动做出适当的设计尺寸的调整，女性运动装尤其要考虑服装前胸的活动量，利用省道线进行胸部造型设计，既保证前胸在运动过程中的活动性，又突出胸部曲线起伏的优美。另外，在一些人体特殊部位的设计上，也需要适当的活动余量，如腋下、前后裆等，如图 2-3 所示为 ASICS 紧身运动裤的设计。

图2-3　ASICS（亚瑟士）男式运动裤

服装的外造型是设计的主体，内造型设计要符合整体外观的风格特征，内、外造型

应相辅相成。要避免抛开外造型风格一味追求内造型的精雕细刻，因为这会产生喧宾夺主、支离破碎的反面效果。运动装造型要依附于人体体型。

（2）运动装零部件与人体运动美学：运动装的零部件指领、袖和口袋等细节部分，现代运动服装的细节设计越来越受到重视，运动装也正是通过这些细节的时装装饰表现手法变得越来越时尚。运动装的零部件设计不仅要考虑其的实用功能，还需要考虑零部件与人体运动美学的关系。例如，户外运动装冲锋衣领子的设计，图2-4所示为BALENCIAGA品牌的冲锋衣，其功能性表现为防风、保暖实用；立领设计结合人体美学减少繁复的功能

图2-4　BALENCIAGA品牌的冲锋衣

配件，加入更时尚的超大廓型。冲锋衣上的魔术贴不仅起到拉链的作用，也可以作为一种装饰存在，实用与美感兼具。

二、色彩与运动装设计

科学家研究指出，人对色的敏感度远远超过对形的敏感度，因此色彩在服装设计中的地位是至关重要的。色彩要素是运动装设计中非常重要的一个环节，我们首先了解一些色彩的基础知识。

1. 色彩的三要素

色彩中的色相、纯度、明度是构成色彩的要素。服装设计中的色彩要素不仅仅是一种颜色，它还包括整套服装各个部分和细节之间的色彩搭配。

（1）色相：指色彩的相貌和特征。

（2）纯度：指色彩的鲜灰度，纯度越高，色彩越鲜艳。

（3）明度：指色彩的深浅度，明度越高，色彩越浅。

在运动装设计中，色彩要素既要发挥美化功能来满足人们心理审美的需求，也要具有实用功能以符合安全因素和穿着特点的需要。同时，设计师在考虑色彩的选择时，还要从流行角度、市场需求和运动环境等方面进行综合考虑。

2. 运动装色彩应用分析

（1）运动服装色彩应用心理分析：根据市场分析，运动装色彩心理需求呈现明显的季节性特点。根据春夏秋冬四季不同而各有差异，如春季色彩鲜艳，夏季色彩清冷，秋冬季则色彩深度较高。近几年运动装的流行趋势是色彩体系都偏向青春活力的特点。

如图2-5所示为2019年春夏运动装流行色彩。

运动装色彩心理还与运动特有的传统用色习惯有紧密的联系，如白色是网球服装的专属色彩。色彩在不同的国家和地域也有着不同的象征含义，如代表中国参加比赛的运动装常选用红色为主色，这是因为在中国红色象征着幸福和喜庆，也是我国的国旗色彩，在西方专门称这样的色彩为中国红。当运动员为祖国取得优异的成绩时，常高举国旗表示庆贺，如图2-6所示。

（2）运动服装色彩应用安全分析：运动装色彩的设计必须要考虑防护的因素。从安全需要考虑，人们在服装色彩的选择上从大自然中吸取灵感，向动、植物们学习用色彩保护自己。这些慢慢形成的色彩习惯也应用在了运动装的色彩设计上。

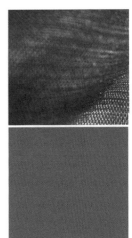

图2-5　2019年春夏运动装流行色彩——紫色渐变

色彩渐变

图2-6　中国运动员在参加比赛时穿着的运动服

运动装色彩从仿生角度进行设计，可以运用自然界中色彩的警示或模拟的特点。植物的花和叶，动物身体有时出现的醒目而对比强烈的色彩。例如，黄色与黑色、红色与白色都是为了起到警示的作用。还有些自然界的生物却能够运用色彩把自己隐藏在环境中而不被发现，采用的就是模拟的方法。运动装的色彩设计可以根据运动的特点和环境的情况进行考虑，如滑雪装运用鲜艳而醒目的配色与洁白的雪地形成对比，在赋予滑雪装亮丽而动感的视觉形象的同时也起到了目标明显、在安全救援时易于寻找的作用。图2-7所示为滑雪装设计。

图2-7　滑雪装的色彩鲜艳而醒目

（3）运动服装色彩应用市场分析：结合市场角度分析，国内运动装色彩主要以鲜亮色为主，也存在少量的黑白灰等色彩；国外的运动装品牌在色彩设计方面与服装的拼接功能连接紧密，色彩被看作是体现时尚性的关键因素。图 2-8 所示为国内运动装品牌李宁 2019 年春夏系列产品，色彩鲜艳。

图2-8　李宁2019年春夏系列产品

三、材质（面料）与运动装设计

运动装设计要取得良好的效果，必须充分发挥面料的性能和特色，使面料特点与服装造型、风格完美结合，相得益彰。因此要了解不同面料的外观和性能的基本知识，如肌理织纹、图案、塑形性、悬垂性以及保暖性等，是做好运动装设计的基本前提。正如日本著名设计师三宅一生（Issey Miyake）所言，"有了好的面料，服装设计便成功了一半"。

随着科技的发展，运动装材质越来越多和高科技元素相结合，研发出许多新型功能性面料。例如，采用莱卡材料特殊设计针对身体某一部分的肌肉提供额外的定向支撑力的服装；采用具有排汗和热传导功能的纤维织物，利用通风、湿度调节、热绝缘等功能技术，将汗水和热量迅速带离人体体表，使皮肤感觉凉爽的服装；运用立体面料结构促进空气自由流通，使运动后的湿气更快地蒸发，保持体温的服装等。现在有越来越多的黑科技诞生，如可反射太阳光的运动服、会"呼吸"的运动服、空调运动服、魔术游泳衣等，逐渐颠覆了我们传统概念里运动服的定义。

1.运动装面料的功能性设计

（1）吸湿排汗功能：吸湿排汗面料的原理在于受到树木毛细管效应的启发，在纤维制备过程中，研发出纤维截面异形化的功能性纤维。例如Y字形、十字形、W形和骨头形等（图2-9），使纤维表面有更多凹槽，以增加纤维表面积及利用毛细管的作用，将里层的汗液迅速扩散出去。

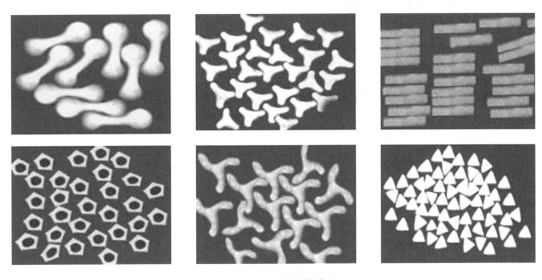

图2-9　异形纤维横截面

吸湿排汗功能性面料还可以通过采用后整理方式获得，将普通面料在印染后处理过程中通过亲水性整理，直接添加亲水性助剂，赋予面料吸湿排汗功能。

在织物结构方面，采用多层织物结构，利用亲水性纤维作为内层织物，将人体产生的汗液快速吸收，再经外层织物空隙传导散发至外部，达到吸湿排汗、舒适干爽的效果。

例如，由美国杜邦公司研发的吸湿排汗纤维Coolmax：该纤维为表面四沟道纤维材料，使纤维及纤维之间形成最大的空间，保证最好的透气性，把皮肤表面散发出的湿气快速传导至外层纤维。

（2）抗菌防臭功能：温哥华创业公司Strongbody在运动装面料中加入从虾蟹等甲壳类生物的外壳中提取的甲壳素，使流再多汗衣服也不会有异味。这种化学纤维是天然的抗菌素，之前一直作为膳食补充品或者绷带中的血凝剂。这种含有甲壳素的面料看不出，也摸不出任何区别，敏感体质人士也可以放心穿着。

图2-10 Mi6蜂巢锁暖运动衣

（3）保暖功能：在寒冷的环境中，人们希望穿着能够尽可能保持体温的服装。服装的保温性能与服装面料息息相关，服装面料良好的保温性能通常与构成面料的纤维以及织物的组织、密度、厚度和织物的后整理等方面密切相关。图2-10所示为Mi6蜂巢锁暖运动衣，仿生蜂巢锁暖设计，锁住热量不流失，起到很好的保暖作用。

（4）智能调温功能：日本尤尼吉卡公司最近推出一种防结露面料。这种面料不但有很好的防水功能，使服装外面的雨水无法侵入人体，还能防止服装与皮肤之间产生结露，因为没有结露的发生，从而避免了由结露产生的降低体温的困扰。这种面料的设计原理在于运用层压技术，在服装面料的里层，覆盖一层无孔膜，这种膜分子的运动与温度密切相关，当人体运动体表温度上升时，无孔膜的分子运动加剧，原来封闭的分子链被开启，水分可以充分向外散发，以保持人体适当的温度和湿度；当气温下降时，分子链迅速封闭，有效地维持了人体的温湿度和舒适性。因为这种面料能随着体温的升降和人体内水分的蒸发量的大小调节服装内的温湿度环境，故被称为"智能调温功能面料"，被广泛地运用于防寒服和冬季户外运动服装。

现代运动装还采用记忆合金材料，在感觉到人体产生的热量和汗水后能够适时打开散热通风孔，自动帮助人体降温。如图2-11所示，为黑色收身设计的FuelWear。其装有一个智能恒温系统，能在人感到寒冷的时候带来温暖，也懂得在恰到好处之时自动关闭增温系统，让人一直处于最舒适恰当的恒温之中。

（5）合体舒适性能：从运动服的角度来看，首先，不同的运动项目对款式、色彩、外观有不同的要求。其次，运动服不能影响人的运动，要能够使人的运动能力充分发挥。因此，要根据不同运动项目选择合适性能的材料来进行生产。如泳衣可以采用仿鲨鱼皮的面料；而自行车运动、体操、滑冰、滑雪，这

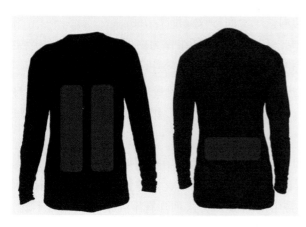

图2-11 FuelWear 运动服装

些运动服除了色彩要鲜艳之外，还要具有一定的弹性。如图2-12所示为Roka Sports公司设计的一款Maverick X泳装，这款泳衣采用易浮材料制造，保证游泳运动员的身体拥有最大的运动方便性和最大的划水力量，此外，这款泳衣还能够根据人体的需要压缩和伸展。

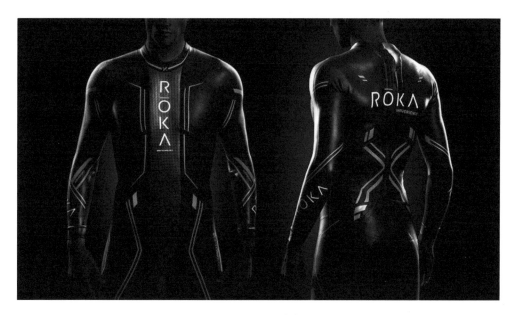

图2-12 Maverick X游泳运动服装

运动服装之所以加入弹性面料，是出于方便运动的考虑。人在运动的时候，肘、膝关节、臀部的变形很大。如果将服装在结构上做宽松处理的话，不但在运动的时候没有束缚力，还会因为衣服太宽大而感到很累赘，运动不够灵活。如果在合体裁剪的运动服装中变形严重的部位加些弹性面料，在功能上既不会影响运动，穿着也很整洁漂亮。这些弹性面料的弹力大小很关键，弹力大了会对人有束缚感；弹力很小的时候，轻而易举就可以变形，也失去了存在的意义。因此，对于运动装中局部使用的弹性面料来说，弹力的大小要恰到好处。

（6）防护功能：运动服装还应具备一些特殊的防护性能。例如，跳伞运动服装可选用在织物表面涂布一层可以吸附水分子的化学薄膜，使织物表面形成一层连续的导电水膜，将静电传导逸散以防止静电对运动员造成的意外伤害；户外运动过程中过量的紫外线将威胁人体健康、危害皮肤，具有抗紫外线性能的运动服越来越受到人们欢迎；夜间在公路上进行跑步、骑行等运动时，选择带有反光材料的服装，可以增强夜视效果，保证运动的安全性。对于不同的运动项目，设计应针对具体的运动项目、人体工学的特点以及运动所处环境等因素，设计不同的服装结构及细节。图2-13所示为Reebok品牌防晒衣和防水防风冲锋衣。图2-14所示为夜跑带有反光条的运动服。

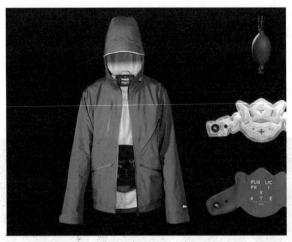

图2-13　Reebok品牌防晒衣及防水防风冲锋衣

图2-14　带有反光条的夜跑运动服

正确选择功能性面料，不但能提高运动服装的使用性，还能使着装者感到舒适，体会运动带来的快乐。

2. **运动装对面料的要求**

（1）色牢度：因服装可能经受日光暴晒、水中浸泡、接触汗液等特殊环境，所以色牢度的要求较高，并因运动环境的不同而要求各异。

（2）亲肤性能：无异味、过敏、刺痒及粗糙感等引发人体不适感觉的因素。

（3）吸湿与透气：保持服装与皮肤间的微气候（温度、湿度等）。

（4）延伸性与回复性：适合人体形状，不限制运动自由，保持服装外形稳定。

（5）防水与防污性能：保证外界水分子无法进入服装里面，而体内的水汽可以透过服装自由挥发，且有一定的防污性能。

（6）撕破强度：服装足以承受因运动产生的爆发力和拉伸极限产生的张力。

（7）单位面积重量：在保证物理机械性能的前提下尽可能轻质。

第二节　运动装着装环境要素分析

运动服装除了时尚元素应用设计外，还强调功能，而且运动场景和环境是决定运动装功能的重要因素之一。例如，跑步运动，分为晨跑和夜跑，晨跑时一般需要穿着T恤+跑步裤+薄外套，在跑步的过程中身体会发热、会流汗、肢体动作幅度较大，而夜跑则存在着不安全性等带来的痛点，因此设计师可以利用自己所掌握的技术帮助这群跑步爱好者解决这些痛点。发热，可以利用材料的冰凉技术让身体降温，设计时采用开窗设计让空气穿流通过带走湿热；汗液，会让身体黏嗒嗒、湿漉漉，而且容易产生有害细菌，可以结合吸湿快干和抗菌材料技术让面料变得具有快干和抗菌功能，让身体一直保持干爽，不易滋生细菌；由于跑步中肢体动作幅度较大，要使身体的运动空间足够大，不让身体被束缚住，所以面料要具有弹性，一般采用加入氨纶或利用低弹纱来提高面料的弹性；而针对夜跑存在的不安全因素，现在市场中的专业跑步服的后背或袖子上都设计了一条银白色条纹或者其他图案造型，这个是反光条，在晚间的灯光照射下会发出耀眼的银白色光，像交警服一样，能起到安全警示作用。从以上案例中可以看到，运动装对着装环境的考虑是一个重要因素。所以下面对运动装的着装环境要素进行分析，其中包括经济环境、社会环境和文化环境三个方面。

一、经济环境

经济环境主要指一个国家或地区的社会经济制度、经济发展水平、产业结构、劳动力结构、物资资源状况、消费水平、消费结构及国际经济发展动态等。

对运动装品牌而言，就是指其企业面临的社会经济条件及其运行状况、发展趋势、产业结构、交通运输、资源等情况。良好的经济环境说明本国或者本地区国民生产总值高、消费者收入高，生活类运动装的购买力就大。同样，国民生产总值增长越快，对商品的需求和购买力就越大；反之，则越小。

消费者收入、收入因素是构成市场的重要因素，甚至是更为重要的因素。因为市场规模的大小，归根结底取决于消费者的购买力大小，而消费者的购买力取决于他们收入的多少。消费者支出是指随着消费者收入的变化，消费者支出随之发生相应变化，继而使一个国家或地区的消费结构也发生变化。

经济发展带动了纺织行业的发展，使得纺织行业的新技术与运动服装的设计制作结合得更加紧密，投入应用和生产的循环也越来越迅速和良性。运动装的发展与科学技术的发展可以说是相互影响、相互促进的。首先是先进的缝制技术的改进，使得运动装在细节装饰以及板型工艺方面更加舒适，同时也可以与流行趋势元素相结合；其次是新型的高科技面料和辅料层出不穷，极大地拓展了运动类服装设计师的灵感和思路，促进了运动装在新款式上的突破和设计，使得运动装市场产品更新速率变快。

运动装的市场潜力是巨大的，前景也是非常诱人的，因此经济环境的变化必将会推动运动休闲类服装市场的繁荣，同时也将为国内运动用品企业带来巨大的商机。

二、社会环境

社会环境指既定群体生活的活动范围内社会物质、精神条件的总和，包括这些人的态度、要求、信念及生活习惯等。

研究生活类运动装的社会环境，有利于了解消费者的动态需求和期望。随着现代经济的高速发展，快节奏的生活方式让身处于城市里的人们感到紧张和压迫，工作中职业正装的状态让上班族倍感压力，因此摆脱这种着装状态，身着轻松随意的生活类运动装，便成为现代人的需求。生活中的日常锻炼身体、休闲、工作时穿着轻便舒适、便于运动、随意简约的生活类运动装，在这一背景下迅速发展。

伴随着经济和社会的发展，在物质生活富足之后，人们逐渐将运动列入了精神生活的一部分，热爱运动也被看作是一种积极、健康的生活方式。尤其是有氧运动，它对培养健康生活习惯有重要的作用。它有助于预防因不良生活习惯引起的疾病并且增进健康，对缓和繁忙工作带来的疲劳和压力有良好的作用。常见的有氧运动项目有：步行、快走、慢跑、竞走、滑冰、长距离游泳、骑自行车、打太极拳、跳健身舞、跳绳/做韵律操、球类运动如篮球、足球等。

此外，今天的人们对运动有多方面的诉求。通过参与运动来带动一个群体或将一个社会凝聚在一起，是作为一个群体被识别的需要，并成为一种新型的社交方式。穿着有氧运动装的人们，以锻炼健康体魄为生活方式的一部分，与伙伴们一起分享运动的喜悦，以运动交流视为乐趣。

时尚潮流与人们生活方式的改变也促进了有氧运动装的发展和普及。人们的生活方式不断地改变，当运动成为人们生活的一部分，人们的穿着观念也在不断变化。穿着运动装成为了人们追求新的时尚生活方式的一种表达方式，有氧运动装亦是表现动感、活力和健康生活方式的时装。

因而，从现代生活方式来看，有氧运动是健康生活方式的重要组成；是对职场高压状态的一种平衡；是追求新的时尚生活的一种表达方式；是新型社交的方式；也是增强个人魅力，自我实现的有效途径。

三、文化环境

文化环境概念包括很多方面，在这里主要指人们在一定自然环境和社会形态下形成的运动价值观念，从而在这种价值观之下所构建的一个运动着装环境，即：衣生活。包括对服饰艺术、运动装文化及生活方式上的一些理解。

任何人都是处在一定的文化环境中，穿着运动装也会受到社会文化环境的影响和制约。运动装的快速发展是与文化转向密不可分的。从人类文化学的角度来看，服饰艺术归属人类文化的范畴，服装艺术是人类社会历史的一种全息化表征。有氧运动服装与时代文化和生活模式息息相关。

任何人都是处在一定的文化环境中，穿着运动装也会受到社会文化环境的影响和制约。运动装作为服装一个比较大的类别，在设计创意方面与我们周围的生活模式、着装环境息息相关，其中包含着丰富的文化。随着快节奏的生活方式，突出穿着个性成为人们追求的目标，运动装通过趋向于时尚化的设计让这一品类可以引领时尚。另外社会审美的转变也有一定的作用，生活中穿着运动装让人联想到"活力、健康"等词汇，所以生活类运动装展现的不光是生活、运动方面的价值，更展现了一个人积极向上的生活态度。

当今时代，伴随着运动在我们生活中的作用正变得越来越重要，运动与现代社会的节奏同步。很多消费指南杂志、时尚杂志、服装杂志、时尚生活杂志也开始加入到提倡运动的时尚生活方式的行列，经常介绍健美运动、瑜伽、健身操等多种广受欢迎的运动方式。消费者可以通过各种媒体了解到新的运动装的信息，在选择运动装时也更注重其个性化和功能性。

第三节　运动装功能性要素分析

运动装的功能因素包括了对人体工程学和人体的运动生理常识的研究，从运动身体的需要和运动本身的需要入手，对相关的因素进行思考，为运动装设计师提供舒适和保护性设计概念的理论基础。

运动装的主要功能因素，包括舒适性和防护性。运动服装的舒适性，可分为生理上的舒适性和心理上的舒适性。这些因素与运动时身体的需要和运动的需要密切相关。身体在进行运动时的生理舒适性和服装的吸湿性、透气性、保暖性、柔软性、伸缩性、重量和化学性等因素有紧密联系。心理上的舒适感和运动装的色彩、款式、抗皱性、挺括性、易护理性、手感、运动时穿着的方便程度及与环境的适合性等有关，这也是设计师要着重考虑的因素。

一、运动服装的舒适性

随着人们对自身健康保健意识的提高以及对服装功能认知与需求的增强，运动装的设计需要更加关注对个体在心理及生理上的满足。

1. 生理舒适性

（1）人体动作舒适性：运动装设计必须充分考虑人体工程学，符合人体运动特点。在从事各种各样的体育运动时，人体各部位运动的剧烈程度、活动范围不同，对服装各部位的伸缩要求也不一样。因此，设计师在进行运动装产品设计时，从结构设计方面要充分考虑服装的合体性及人体运动的自如性、舒适性。例如，NIKE 2017Tech Knit 春季运动服减少了接缝，根据人体需要而增添了一些设计，在热量容易流失的区域，如胸口等位置采用双面针织，在需要透气的部位采用网纱线缝，使得衣服可以随身体变化也展开运动，从而创造出更加舒适的穿着体验，如图 2-15 所示。

图2-15　NIKE 2017Tech Knit 春季运动服装

（2）材料的舒适性：生理上的舒适性包括吸湿性、透气性、保暖性、柔软性、伸缩性、重量和化学性等，它们大都是由制作服装的材料性能所决定的。运动装的创新设计和开发正在融合更多不同学科和技术，不断优化在多样环境下的穿着舒适和运动表现。设计师在选择运动装材料时，必须充分考虑服装材料的舒适性。例如，2016年里约奥运会，李宁公司专门针对里约炎热的气候，为乒乓球队提供的"战服"采用了Cool Max面料，结合Body Mapping色织提花面料，能够使运动员在比赛中快速排出汗液，保持身体干爽、舒适。此外，还在剪裁上采用了个性化定制，按照每个运动员的身体数据形成专属板型，提升运动员的竞技状态，如图2-16所示。

图2-16　"李宁"奥运会乒乓球国家队服装

2.心理舒适性

心理上的舒适感和运动装的色彩、款式、抗皱性、易护理性、手感、穿着时的方便程度及与环境的适合性等有关，也是设计师要着重考虑的因素。服装色彩通过人们的视觉反映，使人们产生心理感受；面料的手感会直接影响穿着者对服装的整体感受；易洗护、抗皱、结实耐磨、穿脱方便也是运动装的基本要求，会直接影响穿着者的购买欲望。例如，近两年流行的速干衣，速干衣的主要功能是快速排汗，也就是将皮肤上的汗水迅速吸收、扩散，并通过尽可能扩大面积来加快蒸发速度。NIKE的Dry Fit速干衣轻薄贴身，面料织制方式立体，手感柔软，弹性好，跑起来舒适、凉爽，也不会摩擦皮肤，穿着者舒适感明显优于其他同类产品，深受广大消费者的喜爱，如图2-17所示。

图2-17　NIKE的Dry Fit速干服装

二、运动服装的防护性

运动时受到碰撞或者发生意外跌倒坠落等因素都会给人体的骨骼造成损伤，人们在运动过程中有意识的通过穿戴运动装备来达到防护人体受损的目的。高性能的运动服装应考虑两大主要因素：一是最大程度地提高服装的舒适性，二是最小程度地减小意外伤害或肌肉受损的危险，以及降低摩擦和阻力。而高性能服装具有各种不同的功能，如保护穿着者不受外界各种因素，像阳光、风、雨、雪等的侵害；又如是否有助于控制身体的热量、及时排出汗液等。

不同运动的运动服也有其相应的针对性，例如，篮球运动，是一种非常具有活力且激烈的运动，相应的专业篮球运动服就需要突出排汗功能与透气性，使运动中穿着感觉舒适；自行车比赛，比的是运动员的速度、耐力以及技巧，相应的服装就需要注重保护性、贴身性和舒适性。如图2-18所示为NIKE篮球运动衣，除了具有篮球运动服的基本功能外，采用NIKE Connect 科技的 NBA球衣，通过对球衣、智能手机设备、NIKE Connect iOS 应用程序的整合，该款产品可帮助穿着者实时获得个性化体验。

图2-18　NIKE篮球运动服装

相比普通服装，由于穿着环境的特殊性，户外运动装的防护功能性要求是第一位的，例如，防寒保暖性、防水透湿性、抗菌防臭性、防污和易去污性、抗静电和防辐射、防紫外线等功能。

1.运动装的紫外线防护设计

在运动过程中，出现一定的运动伤害或无法预料的来自运动环境或其他危险因素都要求运动装的设计要充分考虑到防护作用。运动装的防护来自很多方面，如对紫外线的防护运动装的防护设计成为运动装设计要素中必须谨慎考虑的一个环节。

人们在进行户外运动时，在阳光的直接照射下，滑雪或攀登雪山时是很容易受到紫外线的伤害的。紫外线的照射会产生色斑、皮肤老化、皮肤癌、光过敏等伤害，因此保护皮肤不受紫外线的伤害是运动装的功能之一。在防护紫外线的面料上，不论是何种纤维，紫外线都不易透过染色面料，而容易透过白色面料。通过测试研究后认为，深色服装的防晒效果胜于浅色服装。而含有过量荧光增白剂的白得耀眼的棉质服装会将地面的紫外线反射到人的脸部及其他裸露部位，增加紫外线的伤害。提高材料的防紫外线能力的方法基本采用吸收和分散的原理，紫外线分散剂是用光化学的方法分散紫外线，减少紫外线透过量的物质，防止其入侵皮肤。例如，近几年非常流行的防晒衣、皮肤衣，各大运动品牌都有推出自己的防紫外线产品。如图2-19所示为优衣库的防晒衣，UPF（紫外线防护系数）值为40，能有效防止90%的紫外线。

图2-19　优衣库防晒服装

2.运动装的防寒保暖设计

一直以来运动装的防风、防雨、防雪功能都受到关注，这也是户外运动装的一个基础防护功能。国际上将防寒服装的温度条件设定在 −51~4℃，且在有风雪的条件下，能让人们保持正常的活动。远古时代，人们就能够使用羊毛制品保暖御寒，虽然人们的生存条件得到改善后，日常活动已经不受恶劣的自然环境的影响。但是，在一些极其寒冷的地区以及由于工作需要和运动特点，需要长时间在寒冷户外进行工作和运动的人就需要有特殊功能的保暖服装。季节和气候因素对运动时间长的运动项目有很大的影响，如持续数日的登山，在寒冷的季节里进行户外探险极有可能由于错误地选择了服装而出现危及生命的问题。

在户外运动中，目前经常采用一种三层式着装办法来使服装达到散热、透气和保暖、防风雨的效果。这种三层式的着装办法是将服装的基本层、保暖层和隔绝层的不同作用综合起来而达到户外运动时的保暖要求。但是随着纺织技术的不断提高，面料的性能得到改善，服装也将更加轻便化。

不同类型的运动特点对运动装功能的要求区别很大，随着科技的进步和发展，未来的运动装设计对防护功能的要求会越来越高。

三、运动服装的标识性

所有运动装的功能设计，标识性都是要考虑的主要因素之一，无论竞技类运动服、休闲类运动服；还是校服；无论是个体，还是团体，标识作用都是其主要目的之一。

1. 运动装色彩标识性

运动装的色彩和标志（Logo）是很重要的视觉识别系统，人们能通过服装的色彩和标识轻易区分出运动场上队员的所属国家。例如，足球运动员的球服最具代表性，每个国家的球队都有自己代表的色彩和Logo。如图2-20所示为AC米兰队球服及Logo，AC米兰的传统队服是红黑相间的条衫，所以常被昵称为"Rossoneri"（意大利语，意为"红黑军团"）。在日常运动时，运动装也能通过统一的色彩和标识让一个小团队有自己的整体形象。

图2-20　AC米兰队Logo及球服

2. 运动装的图案标识性

运动装的图案设计醒目而有吸引力，极具标识性，人们能够通过图案轻易识别出品牌。如图2-21所示为李宁品牌的标志，鲜明的红色调，简单易识别的Logo。

图2-21　李宁品牌Logo

思考与训练

1.简述运动装设计的基本要素。

2.收集运动服装流行趋势相关资料及素材。

运动装
设计

第三章 运动装款式设计

课题内容： 运动装基础款式设计
运动装变化款式设计
运动装款式设计案例

课题时间： 10 课时

教学目的： 通过款式设计练习让学生熟练掌握成衣设计师的基本技能。

教学方式： 通过理论讲解、款式细节分析及矢量绘图软件实例操作，阐述并分析运动装款式设计的要点。

教学要求： 1.了解运动装各品类。
2.掌握运动装三大基础品类 T 恤、运动裤、卫衣款式设计的要点，使用矢量绘图软件完成款式设计作业。

课前准备： 按运动装的三大基础品类——T 恤、运动裤、卫衣收集 100 张相关成衣图片，根据图片分析各个品类的款式特点，熟练掌握矢量绘图软件illustrator、CorelDRAW。

作　　业： 1.完成 20 款运动 T 恤款式设计。
2.完成 20 款运动裤款式设计。
3.完成 20 款卫衣款式设计。

当运动成为一种时尚的生活方式，在运动中穿着结合流行时尚元素的服装展示自己已经成为人们的共识。现代运动装款式设计，不论是外部造型还是内部结构，都紧随时尚的脚步，如时尚流行的A型、X型、H型、S型、O型等外轮廓造型在运动装设计中随处可见。而在运动装内部结构设计上，时装设计中常见的各种省道转移、分割等设计手法也被巧妙地运用于运动装的结构线和装饰分割线中，从而达到运动装的合体塑形效果，并充分体现出运动者人体曲线之美。

第一节　运动装基础款式设计

运动装的品类多种多样，但其中的基础款式包括T恤、运动裤、卫衣等，是最为广大消费者所接受的。

一、T恤款式设计

T恤是"T-shirt"的音译，保留了英文"T-shirt"名称的T恤的结构设计简单，款式变化通常在领口、下摆、袖口、色彩、图案、面料和造型上，T恤可以分为有袖式、背心式、露腹式三种形式。T恤是夏季服装中最为活跃的品类，从家常服到流行装，T恤都可以自由自在地搭配，只要选择好同一风格的下装，就能穿出流行的款式和不同的情调。如图3-1所示为骑行服T恤设计，运用了中国风的图案设计元素。

图3-1　骑行服的中国风图案设计

1. 领型设计

T恤的领子设计一般可分为圆领、立领、V领、翻领等，如图3-2所示为T恤圆领及圆领的变化设计；图3-3所示为T恤立领及立领的变化设计；图3-4所示为T恤翻领及翻领的变化设计；图3-5所示为T恤V领及V领的变化设计。领子是服装中非常重要的组成部分，精致的领口设计不仅可以给服装增加亮点，也可以修饰着装者的脸型。

| 基础圆领 | 圆领变化——领口抽褶 | 圆领变化——圆领+V领 | 圆领变化——圆领+U形领 |

图3-2 圆领设计

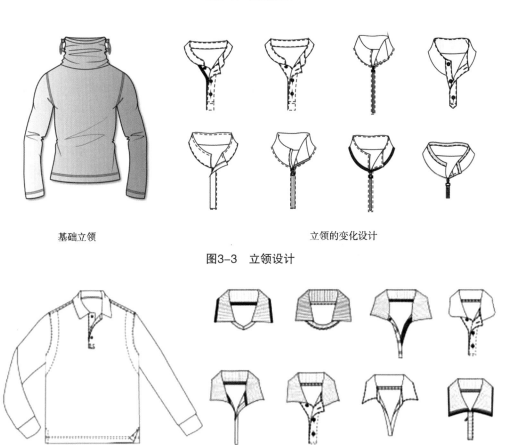

基础立领　　　　　　　　　　　立领的变化设计

图3-3 立领设计

基础翻领　　　　　　　　　　　翻领的变化设计

图3-4 翻领设计

基础V领　　　　　V领变化设计　　　　　V领变化设计　　　　　V领变化设计

图3-5　V领设计

　　领子的细节变化多种多样，例如，不对称设计，通过不同图案、面料以及一些服装辅料的拼接，打造出不对称的视觉效果，新颖而又时尚。如图3-6所示为不对称领子设计。还可将文字通过不同色彩的元素组合，根据服装风格加以文字的点缀设计，营造别致的视觉效果，个性时尚，充满运动风情，如图3-7、图3-8所示。

图3-6　不对称领设计

图3-7　英文字装饰　　　　　　　　　　图3-8　英文字点缀

2. 袖型设计

袖型设计按袖子的长度可分为：长袖、七分袖（中袖）、五分袖（半袖）、短袖、肩带袖、无袖(背心式)等。按袖子的造型可分为:直袖、紧口袖、喇叭袖、连衣袖、平袖、插肩袖、圆袖、灯笼袖、蓬蓬袖、羊腿袖、荷叶袖、蝙蝠袖、蝴蝶袖等。

现代运动T恤的设计,通过衣袖结构设计,提升其与人体的运动适应性,如插肩袖在运动装中使用较多,如图3-9所示。

插肩袖是一种让宽肩显瘦的款式。插肩袖不仅是简简单单的一条分割线,其实从袖底到肩膀的分割线也是可以有很多变化以及变形的。通过在袖底到领口的分割线的部位做一些细节上的设计,可以让插肩袖的款式更加丰富,如图3-10、图3-11所示。

不论是何种造型,如何变化都可以从袖子原型中变化而成,如在袖口、袖山、袖肘等部位进行省道、褶裥设计,通过不同的放松量产生不同的袖子外形轮廓;或是在袖子的不同部位进行切展变化,补充褶裥量来改变袖子的外轮廓造型。图3-12为各种不同插肩袖型结合分割线、镶拼、抽褶的设计。

3. 下摆设计

T恤下摆设计常见的有不规则下摆、罗纹下摆、开衩设计、下摆抽绳、打结、毛边等。运用各种不同表现手法设计的T恤下摆,如图3-13所示。

4. 口袋零部件设计

由于服装越来越注重功能性,口袋的地位也越来越重要。口袋对于服装整体来讲,首先是有其实用性,设计师们经常运用口袋的造型、大小、款式来补偿和完善自己的设计,极大地增强了服装的表现力,使设计更完美,如图3-14、图3-15所示。

根据口袋的结构特点分类:可分为贴袋、暗袋、插袋三种。设计口袋时,要注意袋口、袋身、袋底等的细节处理。

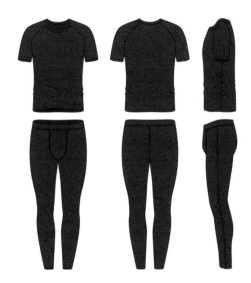

图3-9　插肩袖设计

图3-10　变化型插肩袖之一

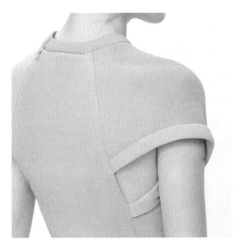

图3-11　变化型插肩袖之二

图3-12　插肩袖的分割、镶拼、抽褶设计

毛边　　　　　　　　　不规则　　　　　　　　　打结

开衩　　　　　　　　　罗纹　　　　　　　　　抽绳

图3-13　T恤下摆设计

图3-14　T恤的口袋设计

5.图案设计

（1）T恤的图案印染方式：即印花工艺，主要分为三种：丝网印花、热转移印花、数码直喷工艺。这些工艺上的限制要求 T 恤图案设计的套色需要控制在一定范围之内，而"少而美"的颜色恰恰和 T 恤的随意、简单、清新、自然不谋而合。图案构成中点、线、面三种构成方式是最常见的，和"少而美"的色彩一样，T 恤的图案也应该"小而美"，用细节吸引人的眼球，如图 3-16 所示。

图3-15 假口袋设计

图案太偏

如果在侧面，图案不能超过衣服的一半

尺寸太大

图3-16 T恤图案位置设计

（2）T恤图案的设计形式：包括文字型的设计、图案型的设计、文字加图案型的设计、标志型的设计及广告型的设计等。

①文字型的设计：以中英文或其他各国文字为主设计的T恤图案，如图3-17所示。

图3-17　文字型的设计

②图案型的设计：以各种图形为主设计的T恤图案，如图3-18所示。

图3-18　火烈鸟图案

③文字加图案型的设计：结合文字和图形的T恤图案设计，如图3-19所示。

图3-19　文字加图案型的设计

④标志型的设计：Logo标志设计、徽标设计的T恤图案，如图3-20、图3-21所示。

图3-20 Logo设计

图3-21 徽标设计

⑤广告型的设计：宣传广告或照片的T恤图案设计，如图3-22所示。

图3-22 《星球大战》宣传的广告型设计

T恤图案的位置大部分集中在胸部中央，大小不会超过15cm^2，并且图案的位置不能跨越衣服的接缝处。不管图案内容有多复杂，都应该呈现简单的外轮廓，圆的或者方的，给人以醒目的印象。

二、运动裤款式设计

运动裤（Trunks，Sport Pants，Exercise Pants，Slacks）比较专注于运动方面，对于裤子的材质方面有特殊的要求，一般来说，运动裤要求易排汗、舒适、无牵扯，非常适合于激烈的运动。

运动裤整体设计及布料都有一定的科技含量，适合于夏天穿着。运动裤的材质以尼龙、涤纶居多。

1. 裤型设计

（1）臀部宽松，脚口窄小的锥型（V型）：上宽下窄的裤型，裤脚缩小的同时，夸张腰臀的松量，如图3-23、图3-24所示。

图3-23　锥型裤之一　　　　　　　　图3-24　锥型裤之二

（2）臀部、中裆、脚口都是直线造型的直筒型（H型）：直筒型是裤装的基本款型，讲究合身，如图3-25、图3-26所示。

图3-25　直筒裤之一　　　　　　　　图3-26　直筒裤之二

（3）喇叭型（A型）：腰臀松量小，裤腿变化大，如图3-27所示。

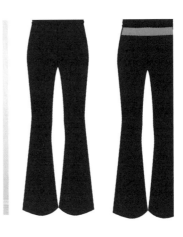

图3-27　喇叭裤

2. 局部设计

运动裤的局部设计包括腰头、门襟、裤袋、省道、褶裥、裤脚口设计等。运动裤的腰头设计通常是松紧带腰头、罗纹或抽绳腰头，便于活动，如图3-28所示。

图3-28　腰头设计

3. 细节设计

运动裤经常采用结构分割、镶拼、缉线装饰等细节设计，如图3-29所示。

结构分割　　　　　　　　　镶拼　　　　　　　　　缉线装饰

图3-29　细节设计

三、卫衣款式设计

卫衣诞生于20世纪30年代的美国纽约，当时是为冷库工作者制作的工装。但由于卫衣舒适温暖的特质逐渐受到运动员的青睐，不久又风靡于橄榄球员女友和音乐明星中。

卫衣一般比较宽大，是休闲类服饰中很受顾客青睐的服饰。卫衣兼顾时尚性与功能性，融合了舒适与时尚，成为年轻人街头运动的首选。卫衣来源于英文Sweater的说法，就是厚的针织运动服、长袖运动休闲衫，面料一般比普通的长袖衣要厚，袖口紧缩有弹性，衣服的下摆边和袖口的面料一样。

卫衣款式有套头、开衫、修身、长衫、短衫、无袖衫等，主要以时尚舒适为主，多为运动休闲风格。

1.领口设计

卫衣的领型有圆领、立领和连帽领设计，如图3-30所示。

圆领　　　　　　　　　　立领　　　　　　　　　　连帽领

图3-30　领口设计

2.袖子设计

卫衣的袖型设计多与T恤接近，按袖子的长度可分为：长袖、七分袖（中袖）、五分袖（半袖）、短袖等，插肩袖因其符合人体运动特点，因此在卫衣款式设计中使用较多，如图3-31所示。设计师还经常将插肩袖分割线结合色彩、面料镶拼等元素共同使用，如图3-32所示为插肩袖的撞色设计。

图3-31　各种袖子设计

女款　　　　　　　　　男款

图3-32　插肩袖撞色设计

3.下摆设计

卫衣下摆设计常见的有不规则下摆、罗纹下摆、开衩设计、下摆抽绳、打结、毛边等，运用各种不同的表现手法设计卫衣下摆，如图3-33所示。

罗纹　　　　　　　　　开衩设计　　　　　　　　　不规则下摆

图3-33　卫衣下摆设计

4.口袋设计

卫衣的不规则口袋设计，如图3-34所示；大贴袋设计，如图3-35所示，这也是卫衣最常见的口袋造型设计。

图3-34　卫衣不规则口袋设计

图3-35　卫衣的贴袋设计

　　T恤、卫衣和运动裤作为运动装的基础款式，每年随着流行趋势的推陈出新，设计师总能运用各种各样的表现手法来设计。

第二节　运动装变化款式设计

一、运动装廓型变化设计

　　服装廓型是指服装外部造型的剪影，廓型是服装造型的根本。基于运动的特点，运动服装的廓型分为紧身型、H型、Y型以及在运动女装中常用的X型。

1.紧身型

　　紧身型的运动服装，通常采用弹性面料紧附于人体表面。这样既能体现运动者人体的优美曲线，又由于面料的弹性保证运动者的活动伸缩自如，最小的廓型截面又保证了运动的低阻力。

　　随着社会的发展、科技的进步，运动服装正在向时装的曲线造型趋势发展，时尚修身的造型设计已经成为运动服装的主流趋势，很多大品牌都借鉴了立体裁剪的方式，以增加运动时装的视觉效果。如胸到腰之间、胸到臀之间如何分割和省道转移直接影响到运动服装的造型，运动服装不仅要体现人体的曲线美，还要体现运动风格的结构特色。如图3-36所示为"鲨鱼皮"泳衣，贴合脊椎的波浪形拉链、独特的腰部加固技术，利用超声波黏合的泳衣。

现代的运动装设计，功能与时尚相结合，既符合人体运动需要，又能勾勒出美丽的身体曲线。

2.H 型

H 型也称为长方形廓型。造型特点是强调肩部，自上而下不收紧腰部，筒形下摆。整体服装有修长、简约的感觉，是运动风格服装常用的外轮廓廓型。如由世界顶级设计师山本耀司担任创意总监与 adidas 合作的 Y–3 品牌，多采用 H 型外轮廓。如图 3–37 所示为 Y–3 品牌 2018 年秋冬系列产品，H 型廓型及剪裁和细节方面的时装化处理。

H 型的运动服装由围度较大的款式构成，这样能保证运动时人体不受服装的束缚，拥有较大的随意活动空间，廓型整体感觉简练随意。

3.Y 型

Y 型服装上宽下窄，通过夸张肩部，收紧下摆，着重突出上半身的设计。服装造型特点为上大下小，如图 3–38 所示为 Y 型运动装。

这种造型的运动装，多从功能性角度出发，落脚点还是美观，不仅防风保暖，还便于肢体的灵活运动，是运动休闲类服装常采用的外轮廓造型。

图3-36　"鲨鱼皮"泳衣

图3-37　Y-3品牌H型运动装

4.X 型

人体本身最接近于 X 型，所以这个造型最能体现人体曲线。在运动服装设计中，但凡需要速度、力量、爆发力的运动项目，为了保证运动中的低阻力，减少运动员运动过程中的干扰，服装多采用紧身型设计，如泳装、田径服、骑行服等。因此，X 型是现代运动风格服装典型的体现运动特征的外轮廓造型之一。如图 3–39 所示为 Rapha 的骑行服。

图3-38　Y型运动装

图3-39　英国Rapha品牌X型骑行服

二、运动装结构线变化设计

服装结构线又称分割线、开刀线。它的重要功能是从服装造型的需要出发，将服装分割成几个部分，然后再缝合成衣服。结构线的设计与应用在服装造型设计中非常重要，尤其是对服装功能性要求高的运动类服装，结构线是表现运动特征很重要的形式。运动元素时尚化设计的现代服装中最常用到的分割方法有垂直分割、水平分割、斜线分割、曲线分割（弧线分割）等不同形式，以满足人们对功能性和审美性的需求。

1.垂直结构线设计

运动服装中的垂直结构线具有强调视觉高度的作用。可根据视错觉的原理来分析，结构线分割出来的面积越窄，看起来会显得越长；结构线的面积越宽，看起来会显得越短。垂直结构线设计常常被运用到广受大众喜爱的非竞技类体育运动服装设计中。特别是女装设计，垂直结构线突出女性高挑修长的身材的同时，也为整体造型带来视觉上的动感，具有流畅感，进而增加了运动服装作为日常便装的穿搭性。如图3-40所示Y-3垂直结构线运动便装，修饰了运动服装的款式，增加了服装的时尚趣味，优化了运动服装的穿着效果。

图3-40 垂直结构线设计

2.水平结构线设计

水平结构线设计和垂直结构线设计正好相反，其横向的把服装分割成较窄的几个部分，横向的分割次数越多，结构线越密，会增加线条的流动感。这种类型的结构线在运动服装设计中主要起装饰作用，通常以色块拼接、缉明线、镶边设计、滚边设计等多种工艺手法来表现运动服装的外观设计，如图3-41所示，李宁运动装采用了水平结构线分割设计。

3.倾斜结构线设计

倾斜结构线在所有的结构线中是最具有活跃、轻快、律动感的分割线，对于运动服装来说，这种结构线非常有利于展示运动服装的动感。在运动装的时尚化设计中，倾斜结构线多用于装饰功能，装饰在上衣的前、后片或裤子的侧缝处。这种时尚化的设计打破了由大多数垂直、水平直

图3-41 水平结构线设计

线构筑的而显得生硬的服装外观，增加了运动服装的时尚化气息，同时也增加了服装的运动感、节奏感、装饰感和形体感。如图3-42所示，李宁运动装采用倾斜结构线设计在很大程度上提高了运动装的时尚美感。

4. 弧形结构线设计

弧线结构线和垂直结构线、水平结构线的设计方法、原理有很多相似之处，就是在用垂直、水平等结构线设计的连接胸省、腰省和臀围省处的时候，以优美的弧线代替短而间断的省道线，线条比较柔和，且增加了运动服装的装饰性。弧线结构线的时尚化设计，较多的是把不同的色彩、材质的面料通过曲线的方式分割开来；另外在结构线处还可以用装饰线的形式出现。如图3-43 所示，李宁运动装采用弧线结构线设计与品牌 Logo 相结合，使得运动服装的款式更为新颖、独特，具有创意。

图3-42　倾斜结构线设计

图3-43　弧线结构线设计

第三节　运动装款式设计案例

运动装最重要的表现手法是平面款式图绘制，在企业生产中起着样图规范指导生产的作用。平面款式图必须完整表达设计细节（结构和工艺细节），尤其是结构线和工艺线必须接近服装纸样线条效果。本节主要介绍设计师运动装款式设计案例，以及平面款式图的各种结构工艺细节表达、文字说明等。

设计师王淼波作品"型走雪巅"系列遵循大自然的天成之作，借用自然的神来之笔，与天地万物和谐，顺应自然本质之美，巧取壮丽雪山一景并注入现代工业元素，通过现代高新工业技术和工艺重新演绎，将自然之美融入现代工业之美，彰显自然与人的相互依存、自然与人的完美嫁接。如图3-44所示为"型走雪巅"系列效果图，图3-45所示为"型走雪巅"系列平面款式图。

图3-44 "型走雪巅"系列效果图

图3-45 "型走雪巅"系列平面款式图

图3-46～图3-50所示为该系列的卫衣平面款式图，图3-51～图3-55所示为该系列的裤子平面款式图，图3-56～图3-60所示为该系列的羽绒服、风衣平面款式图。每一款服装的平面结构图上都清楚地表达了结构、工艺细节、辅料及各种印花工艺。

型走雪巅　**平面结构图**　　　　设计：王淼波　　　品名：男圆领卫衣　　　款号:ZX003

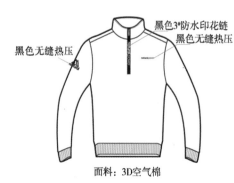

黑色3"防水印花链
黑色无缝热压

黑色无缝热压

面料：3D空气棉

日期（Date）：2018-04-03

图3-46　卫衣平面款式图之一

型走雪巅　**平面结构图**　　　　设计：王淼波　　　品名：男圆领卫衣　　　款号:ZX005

橘红色后领织带

橘红色无缝热压

natural
power

袖口/下摆
主色拉架

正常圆领卫衣//做180的尺码

日期（Date）：2018-04-03

图3-47　卫衣平面款式图之二

型走雪巅 **平面结构图**　　　设计：王淼波　　品名：男圆领卫衣　　　款号:ZX008

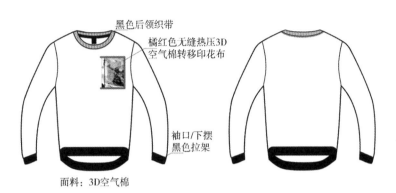

黑色后领织带

橘红色无缝热压3D
空气棉转移印花布

袖口/下摆
黑色拉架

面料：3D空气棉

图3-48　卫衣平面款式图之三

型走雪巅 **平面结构图**　　　设计：王淼波　　品名：男圆领卫衣　　　款号:ZX014

四针六线绷缝

橘红色3#尼龙链反装

本白色胶浆印花

袖口/下摆黑色罗纹
面料：黑色空气棉

图3-49　卫衣平面款式图之四

型走雪巅 **平面结构图**　　　　设计：王淼波　　　品名：**男圆领带帽卫衣**　　　款号:ZX017

锁平眼/穿黑色帽绳

袖口/下摆黑色罗纹

面料：3D空气棉

做180的尺码

日期（Date）：2018-04-03

图3-50　卫衣平面款式图之五

型走雪巅 **平面结构图**　　　　设计：王淼波　　　品名：**男针织九分裤**　　　款号:ZX002

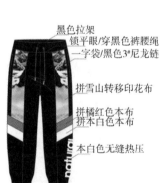 

黑色拉架

锁平眼/穿黑色裤腰绳

一字袋/黑色3#尼龙链

拼雪山转移印花布

拼橘红色本布

拼本白色本布

本白色无缝热压

黑色拉架

面料：3D空气棉

日期（Date）：2018-04-03

图3-51　裤子平面款式图之一

型走雪巅 **平面结构图**　　　设计：王淼波　　品名：男针织短裤/打底裤　　**款号:ZX006**

连腰/包松紧/外锁平眼穿主色裤腰绳

一字袋/主色3#尼龙链

面料：3D空气棉

橘红色无缝热压

面料：260g锦棉罗马布

日期（Date）：2018-04-03

图3-52　裤子平面款式图之二

型走雪巅 **平面结构图**　　　设计：王淼波　　品名：男针织长裤　　**款号:ZX009**

连腰/包松紧/内锁平眼穿主色裤腰绳

口袋主色3#尼龙链

黑色格子纹理膜无缝热压
字母激光镂空垫白色布

袖口/主色拉架

面料：3D空气棉

日期（Date）：2018-04-03

图3-53　裤子平面款式图之三

型走雪巅　平面结构图　　设计：王淼波　　品名：男针织长裤　　款号:ZX012

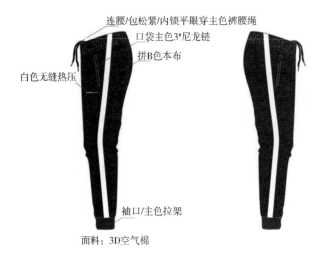

连腰/包松紧/内锁平眼穿主色裤腰绳
口袋主色3#尼龙链
拼B色本布
白色无缝热压
袖口/主色拉架
面料：3D空气棉

日期（Date）：2018-04-03

图3-54　裤子平面款式图之四

型走雪巅　平面结构图　　设计：王淼波　　品名：男短裤/打底裤　　款号:ZX015

断腰/黑色拉架包松紧/外锁
平眼穿橘红色裤腰绳
一字袋/主色3#尼龙链

面料：3D空气棉

面料：260g锦棉罗马布

日期（Date）：2018-04-03

图3-55　裤子平面款式图之五

型走雪巅 **平面结构图**　　设计：王森波　　品名：男散摆羽绒服　　款号:ZX001

领里拼黑色不倒绒/
帽里黑色底弹桃皮
可脱帽
拼黑色本布
本白色绣花

框绣/绣花

橘红色无缝热压

袖口半包松紧/魔术贴
前胸黑色胚橘红色5#塑料防水链
面料：75D超密贴膜转移印花

日期（Date）：2018-04-03

图3-56　羽绒服平面款式图之一

型走雪巅 **平面结构图**　　设计：王森波　　品名：男长版羽绒　　款号:ZX007

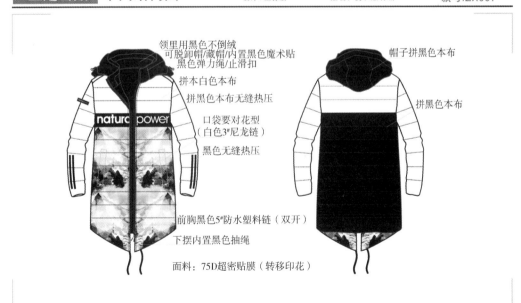

领里用黑色不倒绒
可脱卸帽/藏帽/内置黑色魔术贴
黑色弹力绳/止滑扣
拼本白色本布
拼黑色本布无缝热压
口袋要对花型
（白色3#尼龙链）
黑色无缝热压

帽子拼黑色本布

拼黑色本布

前胸黑色5#防水塑料链（双开）
下摆内置黑色抽绳

面料：75D超密贴膜（转移印花）

日期（Date）：2018-04-03

图3-57　羽绒服平面款式图之二

型走雪巅　**平面结构图**　　设计：王淼波　　品名：男长版羽绒　　款号:ZX010

帽里雪山转移印花布

本白色无缝热压/字母激光冲孔

主色3#尼龙链反装

黑色无缝压贴透明PVC口袋
口袋上橘红色无缝热压3#尼龙链

主色3#尼龙链

本白色无缝热压

前胸黑色5#塑料防水链

日期（Date）：2018-04-03

图3-58　羽绒服平面款式图之三

型走雪巅　**平面结构图**　　设计：王淼波　　品名：男两件套长版风衣　　款号:ZX004

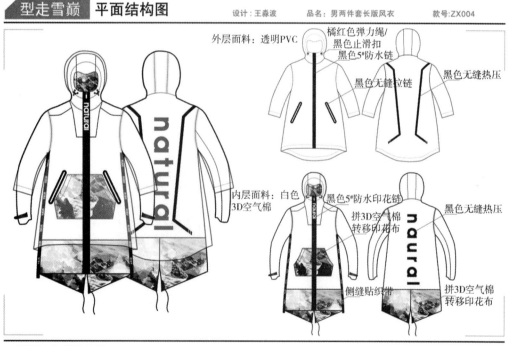

外层面料：透明PVC

橘红色弹力绳/
黑色止滑扣
黑色5#防水链

黑色无缝拉链

黑色无缝热压

内层面料：白色
3D空气棉

黑色5#防水印花链

拼3D空气棉
转移印花布

黑色无缝热压

侧缝贴织带

拼3D空气棉
转移印花布

日期（Date）：2018-04-03

图3-59　风衣平面款式图之一

拼黑色本布
贴橘红色织带
前胸黑色5"韩版防水链
本白色无缝热压

橘红色无缝热压
透明TPU

橘红色无缝热压

专业户外袖口

面料：75D超密贴膜

日期（Date）：2018-04-03

图3-60　风衣平面款式图之二

思考与训练

1. 运动装基础款式设计——T恤、运动裤、卫衣，变化款式设计。

2. 完成20款T恤平面结构图绘制，完成20款运动裤平面结构图绘制，完成20款卫衣平面结构图绘制。

運動装
设计

●

●

●

第四章　运动装板型设计原理与工艺

课程内容： 运动装板型设计原理与方法

运动装板型设计案例

课题时间： 8课时

训练目的： 通过运动装板型设计原理分析让学生了解运动装板型基本原理及工艺，并能举一反三变化设计板型。

教学方式： 课堂讲授、课堂实操。通过运动装板型原理讲解，T恤、运动裤及卫衣的板型实例操作，阐述并分析运动装板型设计与工艺。

教学要求： 1. 了解运动装基础板型。

2. 掌握运动装三大基础品类T恤、运动裤、卫衣的板型实例，并能举一反三，实际运用。

课前准备： 按运动装的三大基础品类——T恤、运动裤、卫衣收集100张相关成衣图片，从人体工程学角度分析其板型结构特点。

作　　业： 1. 完成1款T恤板型绘制。

2. 完成1款运动裤板型绘制。

3. 完成1款卫衣板型绘制。

第一节　运动装板型设计原理与方法

一、运动装板型设计基本原理

运动性的服装其实也是指具有运动特点的便装，仍属于生活服装的范畴。由于它在使用材质上以针织物为主，因此造型更加完整、简洁，结构设计也更加灵活，在款式设计的过程中其内在的制约因素也比较小，这是因其在结构设计上虽不够严格，但它可以通过针织材料所具有的良好伸缩性来弥补。

目前，运动服装的设计流行趋势偏向于非专业型的板型风格，众多运动品牌趋向时尚化的设计风格，更加体现了时装板型风格融合于运动板型风格的妙处。由于运动服装的运动性，在板型设计时一般都会在围度尺寸上做一些增大设计，其目的是增加它的活动空间。在上装设计时，一般都会把袖窿深设计得深一些，窿门宽设计得大一些，在设计袖子袖山头时也会把袖山高设计得相对小一些，袖肥则会自然大一些，这些目的都是为了增加上装的运动空间。在裤子设计时，裤子的直裆不宜设计得太短，裤子的前后裆弯也不宜设计得太小，这些设计也都是为了增加裤子的运动空间。

运动服装板型从最初的运动机理效果与保护人体理念，现在逐渐向运动项目品类化板型风格演变。尤其是无谓的追求机理效果从而丧失了运动服装的造型美感，这与当前的穿着理念是相违背的。人们在运动之余享受美感造型的运动服装所带来的着装效果，这是当今的主流，更是运动服装板型所追求的目标。

运动服装品类化板型风格已经逐步完善，根据不同运动项目的运动特点，在板型上做了相应处理。例如，篮球类，有自由、奔放的运动特点，在板型尺寸设计时要考虑追求大点的设计，板型整体感觉会宽大点；跑步类，有追求速度的运动特点，在板型尺寸设计时会考虑小点，板型整体感觉流畅型线条。生活品类运动服装更多的是追求时尚的板型风格。尤其是运动板型的三个关键：运动、力量、平衡，在各个品类服装上都有体现。

1. 运动

运动指运动机理效果，尤其是表现在各个运动品类板型处理时有所不同。例如，网球类主要表现在肩关节的运动方向，对应的服装部位是袖窿、袖肥，袖窿的深与浅、袖山的高与低、袖肥的小与大都直接影响运动的机理效果，肘关节通常向前上弯曲，对应服装肘部放松量的适度或者在肘部设计立体褶、褶、省；跑步类主要表现在胯关节、膝关节的运动方向，在设计后裆长时需给予适当松量，膝关节对应裤中裆放松量适度或者设计立体褶、褶、省。

2. 力量

力量指整体造型线条感觉，主要表现分割线的部位与分割线的造型。如肩线的偏前与偏后所呈现的感官效果，偏前给人以力量、竞技感，偏后则给人以柔软、女性感。分割线的造型表现手法有两种：硬直的偏直线化线条分割给人以力量、竞技感，柔和曲线化分割给人以柔软、女性感。

3. 平衡

平衡指服装结构平衡，服装穿着效果有两种，即纬向平衡、纵向平衡。纬向平衡表现在服装纬度的松量要均匀，通常由腰省控制。纵向平衡表现在服装前后下摆高低、袖子的向前方向，通常是由胸省、肩省、袖肘省控制。

运动装板型不只简单的局限于人体，更多的是服装本身的灵魂所在，每件服装从最初的设计思维到服装板型，不是简单的制板过程，更多的是解读设计师的意图、品牌板型文化的表现与板型流行元素的融合。运动服装板型也不例外，在展现服装造型的同时更多的是兼顾运动机理效果与保护人体。所以每件服装从最初的设计思维到制板过程，都要认真分析这件服装的运动性、时尚性、社会性。

二、运动装板型设计方法

服装制造业使用的服装制板方法，大体可分为加减法、比例分配法、立体法、胸度短寸法、原型法、基础样板法、D式法、框架试穿法、电脑CAD法等九种方法，运动装工业制板大多采用的是比例分配法。下面分别介绍几种目前常用的制板方法。

1. 加减法

加减法在20世纪50年代以前大多数裁缝都在使用，加减法是受中式服装裁剪方法的影响而形成的。加减法是对各种服装中心号型的各部位都有一个固定的尺寸，如在胸围加一寸或减一寸时，各个部位也加、减一个数值。这种方法目前在零活加工门市部仍有好多人在使用。一般加减法都是师傅带徒弟教出来的，简单、快速、易学。它对以后的比例分配法有着很大影响。如早期的中式旗袍大多采用这种方法制板。

2. 比例分配法

比例分配法是目前我国服装制造业制板与裁剪时，使用最多的一种方法，它是在20世纪50年代初期形成的。50年代以前老百姓穿的都是中式服装，西装、军装制板和裁剪时使用的大都是加减法，50年代以后老百姓脱下了长袍、短褂，大都换上了制服，为了推广、普及裁剪的技艺和出版资料，老一辈的服装技术人员集思广益，借鉴日本的胸度法加上我国传统的加减法，研究出一种新的制板方法，当时称为服装裁剪法。后来魏雪晶在1982年第4期《现代服装》杂志上发表了一篇《浅谈五种裁剪法》的文章，称它为"比例分配法"。由此"比例"一词在服装制板中广为流行。比例分配法需要测量的人体部位规格较少，主要是三大围度和长度的规格，较多部位的规格是按照比例关系公式进行推算得出的。这种制板方法实用、简单、易学，是一种较为普及的制板方法。

3. 立体法

立体法大都称其为立体裁剪法，是欧洲和美洲多数人裁剪女装时使用的方法之一。立体裁剪法是直接将面料（或坯布）覆盖在人体模型或模特身上，直接进行服装立体造型设计的裁剪方法。立体裁剪是一种模拟人体穿着状态的裁剪方法，可以直接感知成衣的穿着形态、特征及松量等，是公认的最简单、最直接的观察人体体型与服装构成关系的裁剪方法，有平面裁剪无法比拟的优点。这种方法不仅适用于结构简单的服装，也适用于款式多变的时装；适用于西式服装，也适用于中式服装，而且立体裁剪不受平面计算公式的限制。目前这一方法，在我国服装业中已很普及，各服装院校也都设立了这一课程。

4. 原型法

原型法是日本裁缝和妇女量体裁衣时裁制女装所使用最多的方法，它是由欧洲传来，但有了很大的发展，流派也较多。一种是量体时在人体上用软布绷剪出一个原型，以这个原型来裁制各式服装；另一种是用胸度法或短寸法裁制一件原型，以这件原型来裁制各式服装。后者被人们称为学院派，学院派有文化式和登丽美式等，文化式使用的是胸度法，而登丽美式使用的是实寸法。由于日本的文化服装学院来华讲学的教师较多，我国也出版了多部相关教材，所以我国使用的大都为文化式原型法。如图 4-1 所示为登丽美式女装原型。

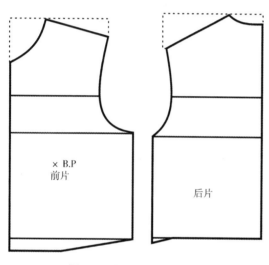

图4-1 登丽美式女装原型

5. 电脑 CAD 制板法

服装电脑 CAD 是计算机辅助设计的简称，在服装生产中，电脑 CAD 制板系统广泛应用于服装制板、排料、放码等工作中。电脑 CAD 制板能够完成人工制板比较费事、费时的板型拼接、褶裥设计、省道转移等，对于各部位弧线的测量也能快速准确的完成，制板快速准确，随着软件开发技术的不断发展，得到服装企业的普遍应用。目前，国内常用的服装 CAD 制板软件有富怡服装 CAD、ET 服装 CAD、力克服装 CAD 等。

三、服装结构制板步骤

1. 先画面料图，后画辅料图

一件服装所使用的辅料应与面料相配合，制图时，应先画好面料的结构图，然后再根据面料来配辅料。辅料包括衣里、衬及装饰件（包括镶嵌条、滚条、花边等）。

2. 先画主部件，再画零部件

上装的主要部件是指前后片、大小袖片，下装的主要部件是指前后裤片或前后裙片；上装的零部件是指领子、口袋、袋盖、挂面、袖头、袋垫、嵌条等，下装的零部件是指腰头、门里襟、袋垫等。主部件的裁片面积比较大，且对丝缕的要求比较高，先画主部件有利于合理排料。

3.先定长度，再定宽度，后画弧线

对于某一衣片（或裤片）制图的顺序一般是先定长度，如衣片的底边线、上平线、落肩线、胸围线、腰围线、领深线等，如图4-2中的①—⑦所示；裤子的脚口线、腰围线、横裆线、臀围线、中裆线等。再定宽度，如衣片的领宽线、肩宽线、胸（背）宽线、腰围宽等；裤子的臀围宽、腰围宽、前（后）裆宽、脚口宽、中裆宽等，如图4-2中的⑧—⑪所示。制图时，一定要做到长度与宽度的线条相互垂直，也就是面料的经向与纬向相

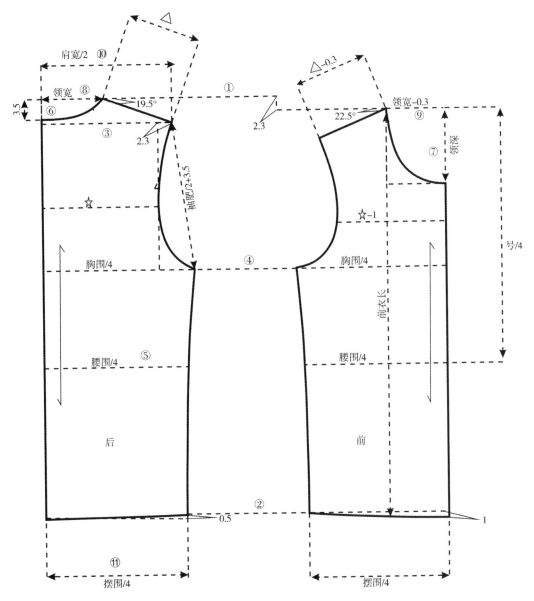

①上平线　②下平线（衣长）　③落肩线　④胸围线　⑤腰围线　⑥后领深线
⑦前领深浅　⑧后领宽　⑨前领宽　⑩肩宽　⑪摆围宽

图4-2　服装结构制板

互垂直。最后根据体型及款式的要求，将各部位用弧线连接画圆顺。

4. 先画外轮廓线，后画内结构线

一件服装除外轮廓线外，衣片或裤片的内部还有扣眼及口袋的位置，以及省、褶或分割线的位置。制图时应先完成外轮廓线的结构图，然后再画内部结构线。

第二节 运动装板型设计案例

本节主要介绍的是运动装基础款式板型，包括T恤、运动裤、卫衣三大品类共列举九个案例。选出三款裤子（短裤、七分裤、长裤）和具有代表性的三款T恤（翻领、圆领、插肩袖）、三款卫衣（圆领、带帽、开襟带帽）的板型案例（表4-1）。

表4-1 运动装号型与尺码对照表

男上装							
号型	160/80A	165/84A	170/88A	175/92A	180/96A	185/100A	190/104A	195/108A
尺码	XS	S	M	L	XL	2XL	3XL	4XL

男下装							
号型	160/68A	165/72A	170/76A	175/80A	180/84A	185/88A	190/92A	195/96A
尺码	XS	S	M	L	XL	2XL	3XL	4XL

女上装							
号型	155/80A	160/84A	165/88A	170/92A	175/96A	180/100A	185/104A	
尺码	XS	S	M	L	XL	2XL	3XL	

女下装							
号型	155/64A	160/68A	165/72A	170/76A	175/80A	180/84A	185/88A	
尺码	XS	S	M	L	XL	2XL	3XL	

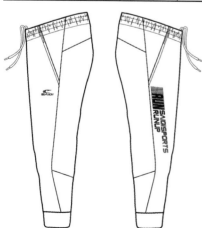

图4-3 女针织紧口七分裤款式图

一、运动裤板型设计案例

1. 女针织紧口七分裤

女针织紧口七分裤款式如图 4-3 所示。

（1）款式说明：本款运动裤采用了收裤脚的设计，这样更有利于人体的运动。

① 前片采用了斜插袋设计，后片在腰口以下设计一横向分割，同样由于裤子的运动性决定了裤子的直裆不宜设计的太短，裤子的裆弯宽也不宜设计的太小，这样设计的目的，都是为了裤子在视觉上

既美观，又具有足够的运动空间。

② 在裤子侧缝处做折线设计，这样设计的主要目的是增加了裤子的视觉冲击效果，裤腰设计为松紧形式，让七分裤不仅具有运动的性质，又具有休闲的效果。

（2）规格尺寸表：见表4-2。

表4-2　成品规格表　　　　　　　　　　　　　　　单位：cm

部位	号型	裤长	臀围	前裆弧长	腰拉围	中裆	脚口高	脚口拉量	袋长
尺寸	165/72A	62	98	26	92	20	5	20	15.5

（3）结构制图：如图4-4所示。可根据款式变化设计后片分割线。

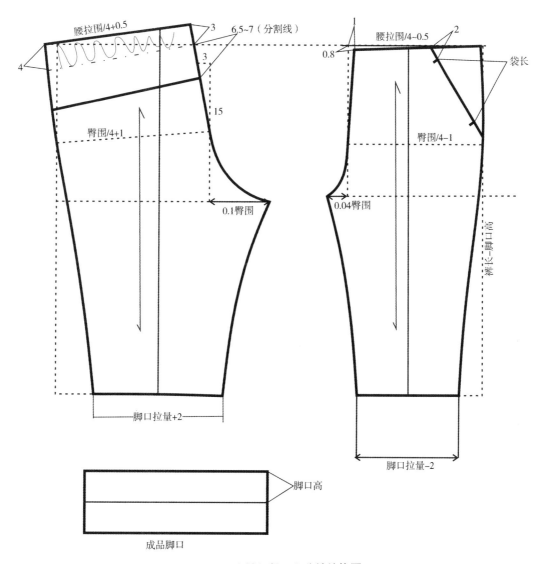

图4-4　女针织紧口七分裤结构图

（4）工艺说明：如图4-5所示。

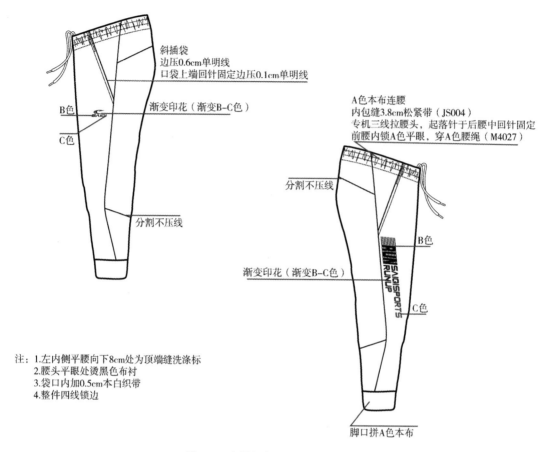

斜插袋
边压0.6cm单明线
口袋上端回针固定边压0.1cm单明线

A色本布连腰
内包缝3.8cm松紧带（JS004）
专机三线拉腰头，起落针于后腰中回针固定
前腰内锁A色平眼，穿A色腰绳（M4027）

B色

C色

渐变印花（渐变B-C色）

分割不压线

分割不压线

渐变印花（渐变B-C色）

B色

C色

注：1.左内侧平腰向下8cm处为顶端缝洗涤标
　　2.腰头平眼处烫黑色布衬
　　3.袋口内加0.5cm本白织带
　　4.整件四线锁边

脚口拼A色本布

图4-5　女针织紧口七分裤工艺说明

2. 女梭织短裤

女梭织短裤款式如图 4-6 所示。

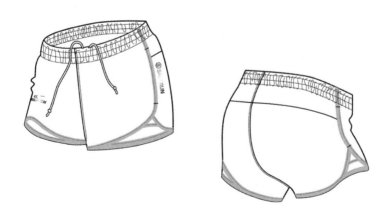

图4-6　女梭织短裤款式图

（1）款式说明：本款运动裤采用了短款设计，这样更有利于人体运动。

①前片采用了无袋设计，后片在腰口以下设计一横向分割，由于该短裤的运动性决定了裤子的直裆不宜设计的太短，裤子的裆弯宽也不宜设计的太小，这样设计的目的，都是为了裤子在视觉上既美观，又具有足够的运动空间。

②裤子侧缝处做脚口圆摆叠衩设计，这样既增加了短裤的视觉效果，又增加了短裤的运动性。裤腰设计成松紧带抽绳的形式，方便穿脱，让短裤不仅具有运动的性质，又具有休闲的效果。

（2）规格尺寸表：见表4-3。

表4-3　成品规格表

单位：cm

部位	号型	裤长	臀围	前裆弧长	腰拉围	脚口	袋长
尺寸	165/72A	32	98	24.5	92	27	14.5

（3）结构制图：如图4-7所示。

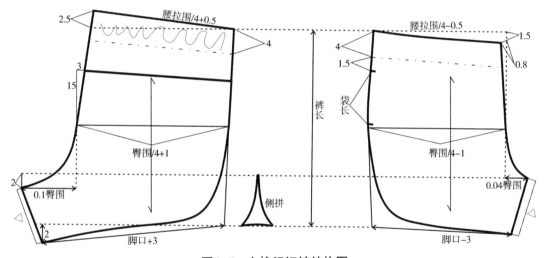

图4-7　女梭织短裤结构图

（4）工艺说明：如图4-8所示。

3. 女梭织长裤

女梭织长裤款式如图4-9所示。

（1）款式说明：本款运动裤采用了小裤脚的设计，这样有利于人体运动的紧凑性。

①前片左、右各设计一直插袋，后片在腰口以下设计一横向分割，以增加裤子的美观性。

②由于该裤子的运动性决定了裤子的直裆不宜设计的太短，裤子大腿围的曲线设计也不宜弧度太大，这使得裤子的大腿围比人体的大腿围多一些足够的松量，裤子的裆弯宽也不宜设计的太小，这样设计的目的都是为了裤子在视觉上既美观，又具有足够的运动空间。

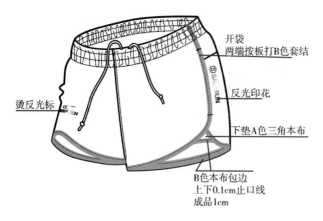

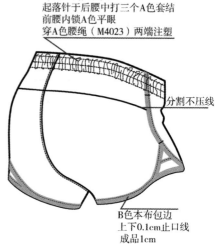

开袋
两端按板打B色套结

反光印花

烫反光标

下垫A色三角本布

B色本布包边
上下0.1cm止口线
成品1cm

A色本布连腰
内包缝3.8cm松紧带（JS004）
专机三线拉腰头
起落针于后腰中打三个A色套结
前腰内锁A色平眼
穿A色腰绳（M4023）两端注塑

分割不压线

B色本布包边
上下0.1cm止口线
成品1cm

注：1.左内侧处腰头向下8cm为顶端缝洗涤标
　　2.口袋布锁边
　　3.前后裆弧长各压0.1cm单明线
　　4.整件锁边（前后裆弧长/内侧缝锁五线）
　　5.B色本布包条切斜纱3.6cm

图4-8　女梭织短裤工艺说明

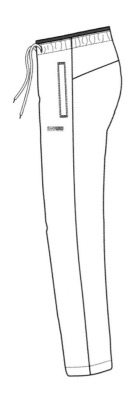

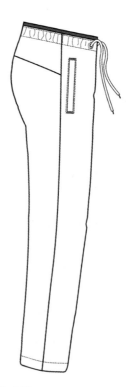

图4-9　女梭织长裤款式图

（2）规格尺寸表：见表4-4。

表4-4 成品规格表
单位：cm

部位	号型	裤长	臀围	前裆弧长	腰拉围	中裆	脚口	袋长	袋宽
尺寸	165/72A	98	99	26	92	20	16	14.5	16

（3）结构制图：如图4-10所示。

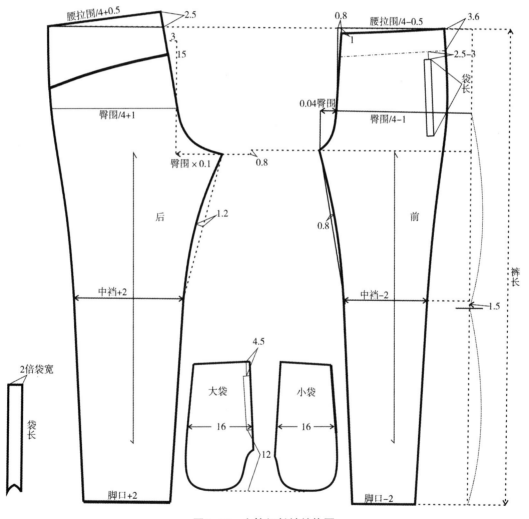

图4-10　女梭织长裤结构图

（4）工艺说明：如图4-11所示。

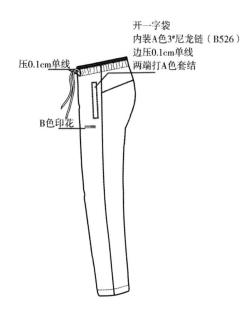
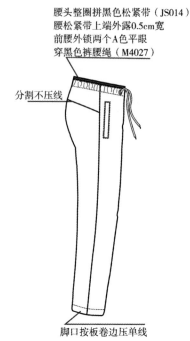

开一字袋
内装A色3#尼龙链（B526）
边压0.1cm单线
两端打A色套结

压0.1cm单线

B色印花

腰头整圈拼黑色松紧带（JS014）
腰松紧带上端外露0.5cm宽
前腰外锁两个A色平眼
穿黑色裤腰绳（M4027）

分割不压线

脚口按板卷边压单线

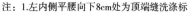

注：1.左内侧平腰向下8cm处为顶端缝洗涤标
　　2.袋眉加1070#衬
　　3.内外侧缝/前、后裆弧长五线锁边；前后裆弧长各压0.1cm单线
　　4.袋布包条用A色本布（切斜纱2.8cm宽）
　　　袋布先锁四线再包边
　　5.口袋布包条（纱向及宽度裁剪前需机修确认）并签字
　　6.腰头松紧带接头用黑色本布，注意腰头松紧带字母倒顺
　　7.此款做中烫包装

图4-11　女梭织长裤工艺说明

二、运动T恤板型设计案例

1.男插肩袖圆领T恤

男插肩袖圆领T恤款式如图4-12所示。

（1）款式说明：本款运动装的设计采用了插肩一片短袖、圆领结构设计，也是一款典型的为针织物而设计的运动服装纸样。

插肩袖设计由于材料的原因，前后袖片连成一体，在结构处理上前后肩线和袖片中心线要顺成一条直线。所以此类型运动服装的袖窿深不建议开的过深，袖子的袖山高也不建议设计的过高。

（2）规格尺寸表：见表4-5。

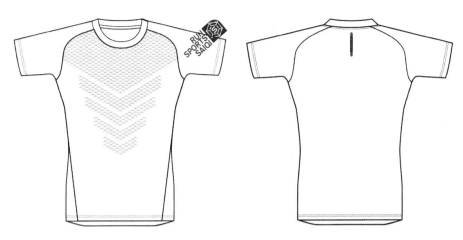

图4-12 男插肩袖圆领T恤款式图

表 4-5 成品规格表   单位：cm

部位	号型	衣长	胸围	肩宽	袖长	袖肥	袖口	腰围	摆围	领宽	领深	领高	肩斜
尺寸	175/92A	70	102	44.5	19	38	33	100	100	21.5	11.2	1.2	21

（3）结构制图：如图4-13所示。

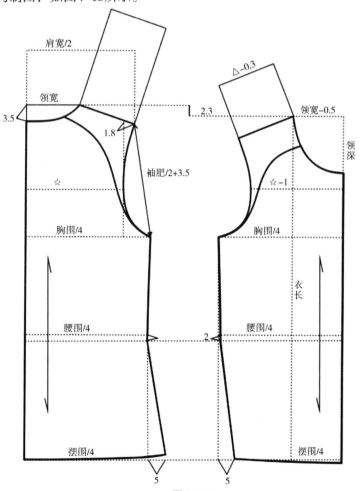

图4-13

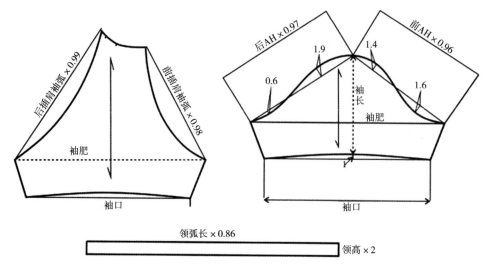

领弧长 × 0.86

领高 × 2

图4-13　男插肩袖圆领T恤结构图

（4）工艺说明：如图4-14所示。

注：1.后领窝中向下2.5cm处为顶端烫转移印标
　　　左内侧平下摆向上10cm处为底端缉洗涤标
　　2.整件四线锁边

图4-14　男插肩袖圆领T恤工艺说明

2. 男装袖圆领T恤

男装袖圆领T恤款式如图4-15所示。

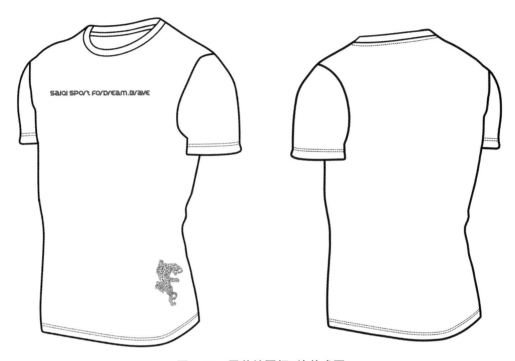

图4-15 男装袖圆领T恤款式图

（1）款式说明：

①本款运动装T恤的设计采用了圆领、装短袖结构设计，是一款最基础的针织T恤，袖口、底边为双针卷边。

②此类运动服装的袖窿深不建议开的过深，袖子的袖山高也不建议设计的过高。

（2）规格尺寸表：见表4-6。

表 4-6 成品规格表 单位：cm

部位	号型	衣长	胸围	肩宽	袖长	袖肥	袖口	腰围	摆围	领宽	领深	领高	肩斜
尺寸	175/92A	70	106	46	21	43	35	105	104	10.5	10.8	1.2	21

（3）结构制图：如图4-16所示。

（4）工艺说明：如图4-17所示。

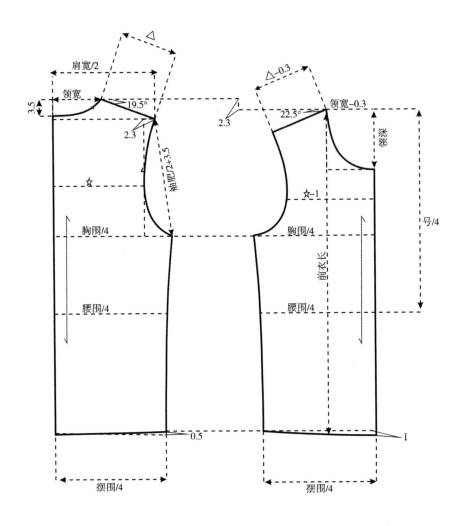

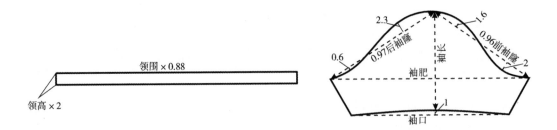

图4-16　男装袖圆领T恤结构图

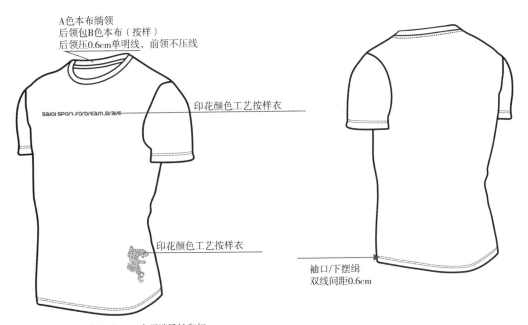

A色本布缩领
后领包B色本布（按样）
后领压0.6cm单明线，前领不压线

印花颜色工艺按样衣

saiqi sport fordream.brave

印花颜色工艺按样衣

袖口/下摆绲
双线间距0.6cm

注：1.后领中向下2.5cm为顶端烫转印标
　　　左内侧下摆向上10cm为底端绲洗涤标
　　2.肩缝加透明弹力条
　　3.印花颜色工艺请按样衣，打样给设计师确认

图4-17　男装袖圆领T恤工艺说明

3. 女翻领Polo衫

女翻领Polo衫款式如图4-18所示。

（1）款式说明：

①本款Polo衫的设计采用翻领、两粒扣前开门襟、短袖结构设计，袖口罗纹，底边双针卷边。

②此类运动服装的袖窿深不建议开的过深，袖子的袖山高也不建议设计的过高。

图4-18　女翻领Polo衫款式图

（2）规格尺寸表：见表4-7。

表 4-7　成品规格表　　　　　　　　　　　　　　　　单位：cm

部位	号型	衣长	胸围	肩宽	袖长	袖肥	袖口	腰围	摆围	领围	领高	肩斜
尺寸	165/88A	60	90	38	14	33	29	81	90	41	5.5	21

（3）结构制图：如图4-19所示。

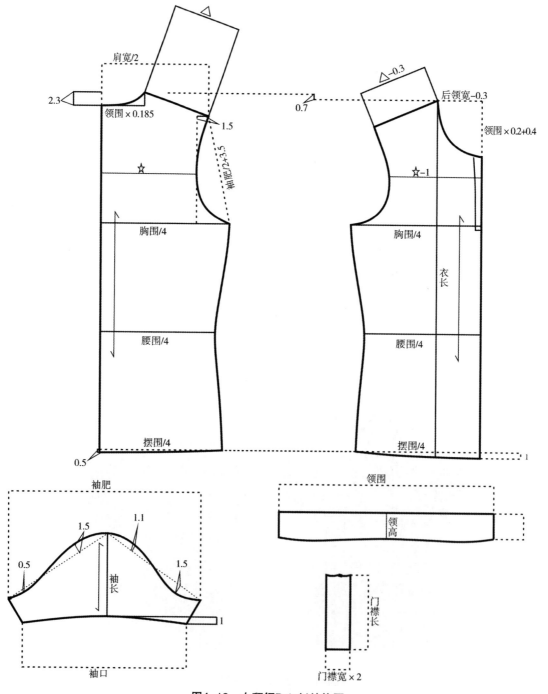

图4-19　女翻领Polo衫结构图

（4）工艺说明：如图4-20所示。

本布缝门襟（按样衣）
边压0.1cm单线
锁两个A色平眼
缝两粒黑色手缝扣（1113）

印花颜色及工艺按样衣

C色棉扁机
领口内包缝A色织带（按样衣）
边压单线
前后领口面压0.6cm单线

整件面料提条间隙按样

袖口做C色棉扁机

底边按板卷边缉0.6cm双线

注：1.后领中缝领标
　　　在内侧平下摆向上10cm处为底端缝洗涤标
　　2.肩缝内加透明弹力条
　　3.门襟烫布衬（黑色烫黑色布衬）
　　4.印花工艺及颜色按样衣及工艺图要求，打样给设计师确认

图4-20　女翻领Polo衫工艺说明

三、卫衣板型设计案例

1. 男圆领卫衣

男圆领卫衣款式如图 4-21 所示。

（1）款式说明：

①本款男式圆领卫衣，领子为罗纹领，袖片为一片袖，袖口、下摆装罗纹，板型修身，圆装袖结构设计。

②此类运动服装的袖窿深可以开的略深，袖子的袖山高要设计的略低一点，这样有利于人体胳膊的活动。

图4-21 男圆领卫衣款式图

（2）规格尺寸表：见表4-8。

表4-8 成品规格表

单位：cm

部位	号型	衣长	胸围	肩宽	袖长	袖肥	袖口	腰围	摆围	领宽	领深	领高	肩斜	袖头高
尺寸	175/92A	69	114	46.5	61	42	10	110	106	19	11	1.7	21	6

（3）结构制图：如图4-22、图4-23所示。

（4）工艺说明：如图4-24所示。

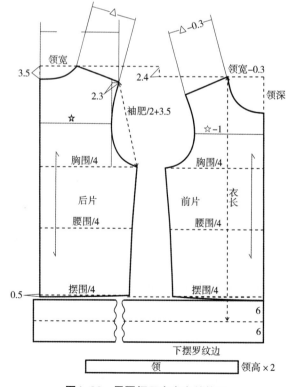

图4-22 男圆领卫衣衣身结构图

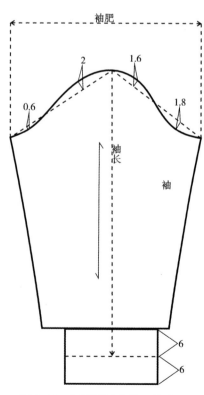

图4-23 男圆领卫衣袖子结构图

领子做A色415g2×2全棉拉架
后领包黑色弹力织带（P342）
领口压0.6cm单线

B色胶浆印花
字体和箭头镂空

B色胶浆印花

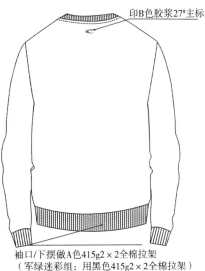

印B色胶浆27#主标

袖口/下摆做A色415g2×2全棉拉架
（军绿迷彩组：用黑色415g2×2全棉拉架）

注：1.后领中缝领标
　　　左内侧下摆向上10cm处为顶端缝洗涤标
　　2.肩缝加0.5cm本白织带
　　3.四线整件锁边
　　4.军绿组线用军绿色（反面锁边线跟底色，靠近里面一条线用军绿色）

图4-24　男圆领卫衣工艺说明

2. 男圆领带帽卫衣

男圆领带帽卫衣款式如图 4-25 所示。

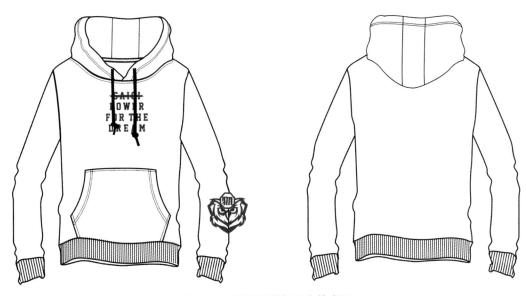

图4-25　男圆领带帽卫衣款式图

（1）款式说明：

①本款男式圆领带帽卫衣，袖片为一片袖，袖口、下摆装罗纹，板型修身，圆装袖结构设计，袖窿深可以开的略深，而袖子的袖山高要设计的略低一点。

②帽子设计采用三片式结构，是在前后身处理成套头式结构的基础上进行的，领口要做开大设计处理，前片有大贴袋设计。

（2）规格尺寸表：见表4-9。

表 4-9　成品规格表
单位：cm

部位	号型	衣长	胸围	肩宽	袖长	袖肥	袖口	腰围	摆围	领围	帽高	帽宽	肩斜	袖头高	摆拉量
尺寸	175/92A	69	114	46.5	61	42	27	110	94	59	36	27	21	6	106

（3）结构制图：如图4-26、图4-27所示。

（4）工艺说明：如图4-28所示。

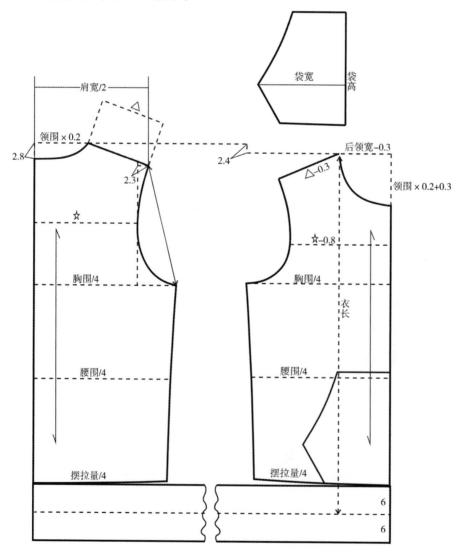

图4-26　男圆领带帽卫衣的衣身结构图

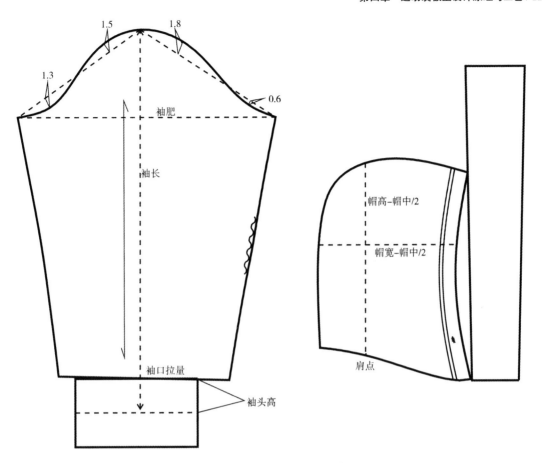

图4-27　男圆领带帽卫衣的长袖、帽子结构图

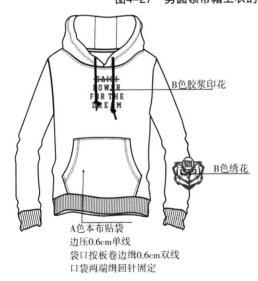

B色胶浆印花

B色绣花

A色本布贴袋
边压0.6cm单线
袋口按板卷边绲0.6cm双线
口袋两端绲回针固定

A色本布连帽（单层）
后领口内包缝A色织带（P342）
前后领口面压0.6cm单线
帽中分割不压线
帽檐按板卷边绲0.6cm双线
帽檐两端各锁一个A色平眼
穿黑色帽绳（M4039）
两端注塑
帽绳单边外露21cm

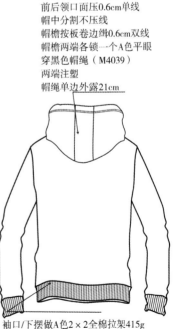

袖口/下摆做A色2×2全棉拉架415g

注：1.后颈中缝领标
　　2.左内侧平下摆处向上10cm处为底端缝洗涤标
　　3.肩缝内加0.5cm宽本白拉胸织带
　　4.平眼处烫布衬（黑色烫黑色布衬）
　　5.整件四线锁边

图4-28　男圆领带帽卫衣工艺说明

3. 男开襟带帽卫衣

男开襟带帽卫衣款式如图 4-29 所示。

图4-29　男开襟带帽卫衣款式图

（1）款式说明：

①本款运动装的设计采用了一片式长袖、四开身连帽结构设计，是一款典型的为针织物而设计的运动服装纸样。

②由于是圆装袖结构设计，所以这类运动服装的袖窿深可以开的略深，袖子的袖山高要设计的略低一点，这样有利于人体胳膊的活动。

③帽子设计采用三片式结构，是在前后身处理成套头式结构的基础上进行的，领口要做开大设计处理，这样才能使人体的头部顺利通过，并以此作为帽子设计的依据。

④测量从一边颈侧点开始过人的头顶再到另一边颈侧点的长度加上必要的松量作为帽檐口长度的设计依据，再以帽檐口长度的一半确定帽子纸样的高。然后以开大后的领口长度作为帽子帽底弧线长的设计依据，再将帽底弧线设计成向下弯曲的弧线，以此来设计确定帽子纸样的宽。

⑤口袋设计为在腹部左右的两个贴袋，袖口和衣身下摆均采用罗纹设计。

（2）规格尺寸表：见表4-10。

表 4-10　成品规格表　　　　　　　　　　　　　　　　　　单位：cm

部位	号型	后中衣长	胸围	肩宽	袖长	袖肥	袖口	腰围	摆围	领围	帽宽	帽高	肩斜	袖头高
尺寸	175/92A	68	116	46.5	61	42	27	112	94	56	27	36	21	6

（3）结构制图：如图4-30、图4-31所示。

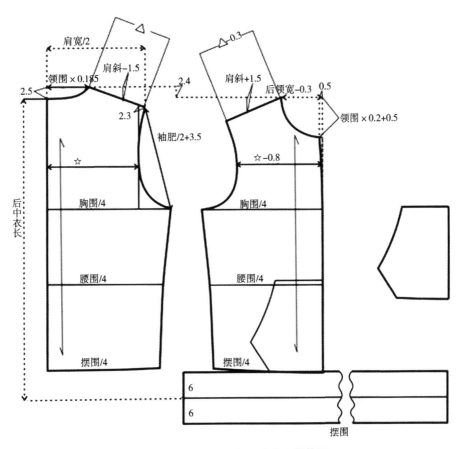

图4-30 男开襟带帽卫衣衣身结构图

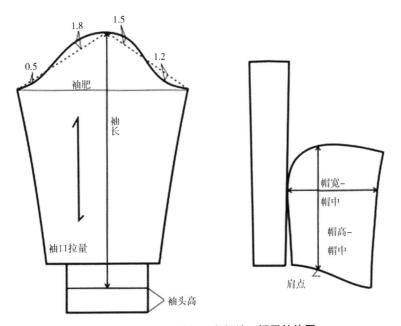

图4-31 男开襟带帽卫衣长袖、帽子结构图

（4）工艺说明：如图4-32所示。

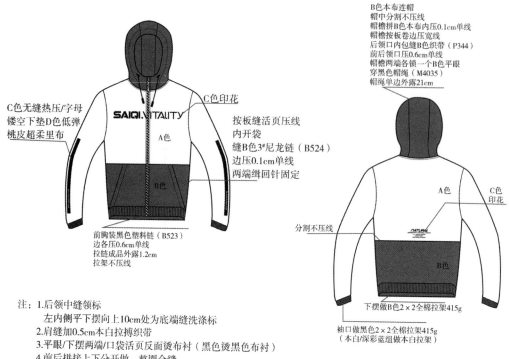

C色无缝热压/字母镂空下垫D色低弹桃皮超柔里布

C色印花

按板缝活页压线
内开袋
缝B色3#尼龙链（B524）
边压0.1cm单线
两端缉回针固定

前胸装黑色塑料链（B523）
边各压0.6cm单线
拉链成品外露1.2cm
拉架不压线

B色本布连帽
帽中分割不压线
帽檐拼B色本布内压0.1cm单线
帽檐按板缝卷边压宽线
后领口内包缝B色织带（P344）
前后领口压0.6cm单线
帽檐两端各锁一个B色平眼
穿黑色帽绳（M4035）
帽绳单边外露21cm

分割不压线

下摆做B色2×2全棉拉架415g

袖口做黑色2×2全棉拉架415g
（本白/深彩蓝组做本白拉架）

注：1.后领中缝领标
　　　左内侧平下摆向上10cm处为底端缝洗涤标
　　2.肩缝加0.5cm本白拉搏织带
　　3.平眼/下摆两端/口袋活页反面烫布衬（黑色烫黑色布衬）
　　4.前后拼接上下分开做，整圈合缝
　　5.前上节裁整片
　　6.整件四线锁边
　　7.深浅色相拼注意事项（在面料进仓时，深浅色拼好后做水洗测试
　　　30℃水温，泡半小时加洗衣粉，用洗衣机正常洗涤晾干，确保无异常后生产大货）
　　8.拉链采购2.6cm宽

图4-32　男开襟带帽卫衣工艺说明

思考与训练

1.运动装基础板型设计原理与工艺，板型案例分析。

2.完成1款T恤板型绘制，完成1款运动裤板型绘制，完成1款卫衣板型绘制。

运动装
设计

第五章　运动装商业设计

课题内容： 企业服装设计流程
　　　　　市场调研
　　　　　商品企划
　　　　　产品开发
　　　　　产品售后信息分析

课题时间： 24 课时

教学目的： 让学生对运动装的商业设计流程有一个清晰的认识，掌握整个商品企划的运作环节；理解作为一名运动装商业设计师必须具备的基本素质，为学生的学习指明基本方向。

教学方式： 通过理论讲解、图片演示及案例分析，阐述并分析运动装商业设计的整个流程。

教学要求： 1. 了解运动装商业设计的整个流程。
　　　　　2. 掌握整个商品企划的运作环节，从数据分析——板型规划等八大块面的主要内容。

课前准备： 选择 5 ~ 10 个国际或者国内的知名运动装品牌进行分析，大致了解这些运动装品牌的定位，并实地考察这些品牌在本地区的卖场。

作　　业： 虚拟一运动品牌，完成该品牌 2020 年秋冬商品企划案。

村上隆（Murakami Takashi）曾说过："艺术离开了商业，便是失魂之作"。每年数以万计的设计师品牌在中国诞生，而其中不到1%的品牌能够活下来，并继续经营着。没有可持续的商业模式，设计师只能是设计师，而不能成就一个设计师品牌。"商业性"正成为服装设计新的考核标准。运动装商业设计流程介绍了从市场调研开始到终端店铺销售整个系统是怎样连接运作的。

第一节 企业服装设计流程

随着中国服装业30多年的发展，服装企业的模式、服装市场环境、消费者的心理等都发生了巨大的变化。可以说，目前的国内服装市场环境与30年前相比已截然不同，逐步进入品牌化、规模化、流程化、效率化，让每个环节高效的衔接和流动，让企业更加规范管理形成制度，让商品更加符合市场、更加有质量保证。

服装企业的核心是产品，一切流程规划都是围绕产品展开的，因此服装企业必须将大量的精力放在产品的开发上。如何将产品转换为商品，需要服装企业的各个部门在各个环节高效率的配合，完成整个商业设计的流程。经过长期分析，总结出一套企业服装设计流程。

好的创意和好的商品企划只有在科学的、合理的机制运作下，在高效率的环节配合和高质量的工作状态下，好的产品才会不断"流"出来。服装企业在进行新一季的产品研发生产之前，必须先有一个整体的流程规划，才能确保整个商品企划的顺畅运转，为消费者创造新的时尚和新的生活方式。整个流程的规划也决定了服装的品质，对服装企业的发展具有重要意义。

1. 产品流程

产品流程指产品由市场调研开始到完成生产销售的整个流动过程（图5-1），包括"市场调研—商品企划—产品研发—订货会—生产销售"五个重要环节，产品流程的进行需要各个工作环节的密切配合。

产品流程是一个周而复始的循环，是从市场调研再回到市场调研的过程。第一个市场调研是为产品研发做前期的准备工作，需要了解整个运动装市场大的流行趋势，包括材料趋势、色彩趋势、款式风格趋势、图案趋势以及确定推广主题。而最后一个市场调研的目的是结合客户探讨的信息，根据上一季产品的市场销售情况，为下一季产品的研发做基础工作，销量好的产品在下一季产品中会有延续。

2. 设计流程

设计流程指贯穿整个设计过程的各个环节的配合过程，如图5-2所示，一个健全的设计流程是产品开发得以顺畅进行的前提。

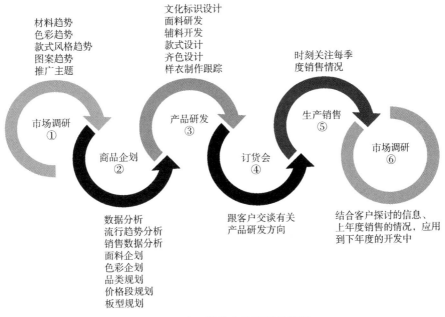

材料趋势
色彩趋势
款式风格趋势
图案趋势
推广主题

文化标识设计
面料研发
辅料开发
款式设计
齐色设计
样衣制作跟踪

时刻关注每季
度销售情况

市场调研 ①

产品研发 ③

生产销售 ⑤

商品企划 ②

订货会 ④

市场调研 ⑥

数据分析
流行趋势分析
销售数据分析
面料企划
色彩企划
品类规划
价格段规划
板型规划

跟客户交谈有关
产品研发方向

结合客户探讨的信息、
上年度销售的情况,应用
到下年度的开发中

图5-1 企业服装产品流程总览图

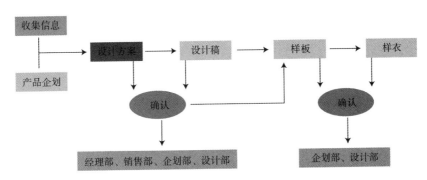

图5-2 设计流程图示

设计流程也是管理流程,更多是从管理角度,为保证产品流程能够保质保量按时完成的管理规则,包括时间节点的管理、内容的管理、完成度的管理、人员的管理等。

(1)时间节点的管理:即按照时间计划表,在什么时间点应该完成哪些关键任务,定期进行检查和管理。

(2)内容的管理:包括设计组织管理、设计流程优化、设计信息分析应用、设计成本管理四个方面,是发挥设计师能力的内部管理环境。

(3)完成度的管理:根据设计流程的安排,从销售部—企划部—设计部各个部门相互配合,必须严格按照时间节点对产品研发的整个过程进行跟踪确认。

(4)人员的管理:企业会建立完善的设计总监负责制,设计部、企划部、市场部员工各司其职。

设计管理的目的,不是把设计局限在设计本身来考虑设计问题,而是把设计放在企业的全程盈利链和营运链中,通过设计创意规律、产品盈利规律,发现、研究企业不同阶段与设计相关的所有问题，继而通过建设和优化企业现有的设计营运体系，解决设计环节需要提升的各种问题，使设计产出达到风格影响力和盈利的同步与匹配发展。

第二节　市场调研

商业设计的第一步——出差，做好市场调研。服装市场调研指通过有目的地对一系列有关服装设计生产和营销的资料、情报、信息的收集、筛选、分析来了解现有市场的动向，预测潜在市场，并由此做出生产与营销决策，从而达到进入服装市场、占有市场并实现预期的目的。经营决策决定着企业的发展方向与目标，它的正确与否，直接关系到企业的生存与发展。只有通过市场调研，才能及时探明市场需求变化的特点，掌握市场供求之间的平衡情况，从而有针对性地制订市场营销和企业经营发展策略，否则会因盲目和脱离实际的决策而造成损失与失败。

市场调研是了解市场、分析市场、认识市场以及预测市场的行之有效的科学方法。可以说，服装商品企划中任何一项工作的实施都是以市场调研为前提的。

一、市场调研的目的

1. 了解运动品牌服装行业现状，为企业发展提供市场决策依据

WHAT——花钱出差做市场调研是为了什么？通过各层级的市场调研，最大限度地获取市场行业中的最新流行趋势、竞争品牌动态、各设计元素的发展方向，通过获取的各类信息，为新品开发提供庞大的素材和灵感。

2. 了解同类竞争品牌现状，及时调整经营策略

了解你的消费者——到自己品牌的店铺去；了解你的竞争品牌——到竞争品牌店铺去；了解你的行业趋势——到行业最高端的店铺去；店铺在哪里、你出差的城市就选在哪里；带着经营的思路去看店铺，出差的效果事半功倍。

3. 检讨品牌市场地位，制定长远的发展战略

市场地位是消费者对品牌的认可，服装品牌只有得到消费者的认可，才能在市场上占有一席之地。通过市场调研，了解品牌的市场地位，并根据市场调研的结论及时做出一定的市场战略调整。

二、市场调研方法

服装市场调研是通过收集一系列有关服装设计、生产、营销的资料、情报和信息，

以科学的方法和客观的态度，判断、分析、解释和传递各种所需的信息，以帮助决策者了解环境、分析问题、制订及评价市场营销策略，从而达到进入服装市场、占有市场并实现预期目标的目的。

市场调研是一项常规性工作，在进行市场调研的过程中，始终要遵守实事求是的态度，客观如实反映市场情况，做到调查资料的准确可靠。而且，服装行业是一个时尚产业，特别是在当下信息高速流通的时代，服装市场瞬息万变，应更加注重信息的时效性。在有针对、有计划地对市场进行调研后，要将市场调查所获取的信息资料进行系统的、条理的整理归纳，对市场的情况做出比较全面的判断。

服装市场调研的过程基本分四个步骤。第一步，要明确调研目的及任务，即确定调研的对象、范围、内容等。明确调研目的之后，第二步就是制订完善的调研方案，具体内容包括：调研的内容、调研的对象、调研的方法、调研的地点、调研的时间、资料收集整理方法（表5-1）等。第三步是实地调研，有了明确的调研方案，就可以进行实地调研了。第四步是调研资料整理和分析，确保其真实性，归纳分析并得出结论。

表 5-1　资料收集整理方法归纳

调查地点：		品牌名称：
目标顾客	人群	年龄、性别、职业、收入、教育程度、兴趣爱好
产品结构	季节主题	系列主题
	款式	风格、廓型、设计元素及手法
		品类
	工艺	板型、细节、印花绣花工艺、应用
	面料	材质、肌理、功能、手感、应用
	色彩	主色系、搭配色、点缀色
	数量	品类数量、货品数量、结构搭配
	价格	产品分类价格带
		典型产品价格、折扣价
品牌形象	产品摆放	店铺设计风格、货品摆放
	道具	橱窗、展示柜、衣架、灯具、模特
	品牌宣传	宣传册、包装袋、吊牌

进行服装市场调研常采用的方法如下。

1. 问卷法

问卷法是通过由一系列事先设定好的问题构成的调查表，收集资料以测量人的行为和态度的方法（心理学基本研究方法之一）。对于被调查者的回答，可以不提供任何答案，也可以提供备选的答案，还可以对答案的选择规定某种要求。根据被调查者对问题的回答进行统计分析，了解消费者的喜好以及对运动品牌的认可度等相关的资讯。如表5-2所示，为设计好的运动装市场调查问卷样卷。

市场调查问卷的设计要点：

（1）问题的准确性：问题设计一定要精练、准确，能便于调查对象在短时间内作出迅速回答。

（2）数据的准确性：数据不能想当然地人为编造，问卷必须是真实有效的。

（3）分析的准确性：调研的分析不能掺杂个人喜好，应该客观实际，合乎情理。

2. 实地观察法

实地观察法是调研者有目的、有计划地在调研现场进行实地观察和统计的方法。实地观察一般需要调研者深入到品牌店铺，实地考察的内容包括：对店铺形象、周边环境、产品形象、销售情况、服务情况及顾客情况等进行观察和统计。

表5-2　市场调查问卷样卷

运动装市场调查问卷

姓名：　　　　　　　　　　　　　　　　联系电话：

1.请问您的性别？

□男　　　　□女

2.请问您的年龄？

□20岁以下　□20~30岁　□30~40岁　□40~50岁　□50岁以上

3.您最喜欢下列哪些品牌的运动装？（此题可多选）

□李宁　□安踏　□阿迪达斯　□耐克　□特步　□乔丹　□彪马　□Y-3　□斐乐　□卡帕　□安德玛　□其他

4.您心中对时尚的定义是什么？

□简约时尚　□潮流时尚　□色彩另类的时尚　□与众不同的时尚　□大众普及的时尚

5.请问您觉得穿着品牌运动服的感觉如何？

□很舒适　□很轻松　□有显瘦效果　□还好

6.请问您选购运动装时会考虑哪些因素？（此题可多选）

□款式或面料　□颜色　□价格　□质量　□品牌　□服务

7.请问您喜欢宽松一点的还是修身一点的运动装？

□宽松　□修身　□合适就好　□随便

8.请问您一般购买运动装的价格范围？

□100~200元　□200~400元　□500~700元　□800~1000元　□1000元以上

9. 请问您购买运动装一般是什么季节？

□春季　□夏季　□秋季　□冬季

10.请问您喜欢什么颜色的运动装？

□浅色系　□深色系　□撞色拼接　□黑白色系

运动装市场调查问卷

11.请问您会在什么时候光顾品牌运动装店铺？

□新品上市　□打折期间　□生活必需　□受广告影响或朋友介绍

12.请问您通常在哪里购买运动服饰产品？

□网上购物　□实体店铺　□无固定地点　□专卖店　□大型商场

13.请问您经常穿运动装吗？

□经常　□偶尔　□一般　□很少

14.您喜欢什么类型的运动服装？

□足球装　□篮球运动装　□普通运动装　□高尔夫运动装　□其他

15.您更容易在哪种情况下记住一个运动装品牌？

□电视等媒体广告　□运动赛事　□明星代言　□社会公益活动　□朋友介绍　□自身实际用过

非常感谢您的参与，如果您还有哪些想法或者建议，请写在下面空白处：

---

3. 统计法

统计法是对现有数据收集整理，进行数据分析的方法。

4. 文献调研法

文献调研法是通过内部和外部两个途径收集现有的各种信息、情报资料的方法。内部如通过收集企业简报、销售报表、调研报告、顾客意见等获取有用信息，外部如通过相关的书籍杂志、权威研究机构、各种服饰博览会、学术交流会及互联网获取更为高端的信息资料。采用这种方法获得二手资料，节省人力、物力，避免重复劳动。

三、市场调研前的准备工作

1. 明确市场调研最重要的调查目标，制订市场调研的方案

调查目标包括调研对象、调研的地点以及调研内容等。其中调研对象包括品牌对象和人员对象，例如，针对国际知名的运动装品牌如 NIKE、adidas 等多个品牌进行比较调研；人员对象包括卖场的营销人员、消费者等。

2. 确定市场调研的方法

（1）采用问卷法调研：必须根据调研的目标，先设计合理的市场调研问卷，并确定问卷的发放方式，是随机发放，还是确定目标客户选择性的发放回收调查问卷。

（2）采用实地考察法：必须首先确定市场调研的目的地，也就是出差的地点。如国

内的运动装品牌市场调研所选择的出差地点，可以选择国内一线城市，也可以选择国外的城市。

（3）采用统计法调研：首先须收集相关数据和信息，如上一季产品销售数据的收集、流行信息的收集等，而这些数据需要从具有权威性的出版物、部门或机构里采集数据。

（4）采用文献调研法：内部资料必须要检查文献资料误差，而网络信息收集需要选择权威网站并对资讯进行有效的筛选。

3. 出差前的准备

（1）提前订好出行规划：包括出差的具体时间、地点及交通工具等。服装企业的市场调研时间大多集中在春夏季和秋冬季产品研发之前，如出春夏季时间大多在3月份左右，而秋冬季时间大多在九月份左右。

（2）做好必要的物质准备：确定好出行计划之后，要根据本次出行的目的地、时间和自身实际情况，提前准备好本次出差的资金，调研必备的工具、手机、相机等；出发前最好查一下目的地的资料和风俗，如需到多地调研，还要提前规划好路线。

（3）预先设计好调研任务书：在出差做市场调研之前，必须做好本次出差的详细任务书，明确全部的调研计划与目的并表格化，以确保市场调研质量，并达成调研的目标。我们以某运动品牌针对某一季运动圆领T恤开发进行前期的市场调研为例，如图5-3所示，在出差前做好详细的计划，确定市场调研的方向。

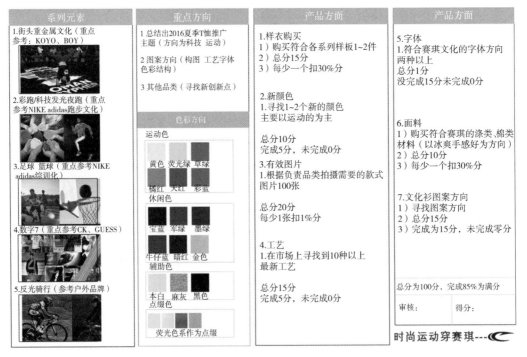

图5-3　以圆领T恤为例的出差计划与目的

以上面的计划表格为例，从系列元素、重点方向、色彩方向、产品方面等四大块面来对市场上的圆领T恤进行全面的调查。最终根据表格得到的信息进行总结，为新品研发提供庞大的素材和市场依据。

四、市场调研的内容

服装市场调研的主要内容，包括流行元素收集整理、服装行业整体流行趋势、同类竞争品牌流行趋势等。流行元素的收集整理可以通过网络信息收集和品牌实地店铺考察收集相关的素材，见表5-3。

表 5-3　网络信息收集的相关信息

目标品牌		国际一线品牌、国内标杆品牌、竞争品牌
产品形象	形象主题	形象系列
	款式	风格、轮廓、品类、设计手法
	图案、细节	系列图案运用、工艺细节运用
	色彩	主要色系、支配色、搭配色、点缀色
	价格	产品分类价格带、典型产品价格、折扣价

现在网络越来越快，各种信息都可以在网上看到，随着科技的发展，越来越多介绍流行资讯的网站及手机APP软件得到推广，在此推荐几个流行资讯的网站以及APP软件，如图5-4所示。

图5-4　APP软件

服装行业的整体流行趋势，主要包括材料趋势、色彩趋势、款式风格趋势、图案趋势和推广主题等。市场调研的内容重点放在材料趋势、色彩趋势、款式风格趋势、图案趋势、推广主题五个大的方向。

1. 材料趋势

造型、色彩、材料是服装设计的三大要素。人类服装演变的历史也是服装材料发展的历史。每一次新材料的发现和应用，无不体现各个时代的文明进程和科技进步。随着社会的发展和科技的进步，高新技术促进功能性面料的发展，越来越多的新型材料运用到运动装中，如图5-5所示。例如，中美研究人员在《科学进展》杂志上报告说，他们研制出一种能从环境中同时收集利用太阳能与人体运动机械能的新型智能服装材料，将来有望用来为可穿戴设备甚至智能手机充电，"人运动时，两根纤维之间就会互相搓动，借助摩擦纳米发电机的原理，就能把人运动产生的能量转化为电能。"功能性面料的突破促进了功能性运动服的发展，材料对于功能性运动装具有极其重要的意义，21世纪的运动服将集功能性和时尚性于一体，保护身体健康，提高运动成绩，具有高科技性能的功能性运动服是运动服发展的必然趋势。

时尚设计 ➡ 生物科技面料

生物工程技术兴起，用于开发天然材料，取代如今的人造面料，让服装生产制造实现低碳环保，实现环境绿色可持续发展。

日本的Spiber公司用杆菌E.coli的微生物序列发来制作蜘蛛丝，目前已与日本运动品牌Goldwin做出了一件蜘蛛丝大衣。澳大利亚设计师Sammy Jobbins Wells打造的Skin则是一种通过算法生成的可穿戴设备，它由活菌长成，最初利用建筑软件设计其形态。

近期，麻省理工大学meticulous实验室开发出一种名为BioLogic的全新功能性面料，该面料同样植入了细菌。这种细菌暴露在湿气重会扩张和收缩，将该细菌植入面料表面中，能够改善透气性，起到第二肌肤的作用。

图5-5 生物科技面料

作为设计师需要时刻关注最新材料资讯，了解新型材料的发展与应用。进行市场调研时，需要特别关注材料趋势，如图5-6所示，从材料的材质、肌理、功能、手感、应用等几个方面入手。设计师可以根据表5-4的材料调研方向及方法完成材料趋势调研。

图5-6 材料趋势

表 5-4　材料趋势调研

材料调研方向及方法		
应用品牌		市场应用范围：
材料特性	材质	棉、麻、锦纶、氨纶、聚酯纤维……
	肌理	平纹、格纹、粗糙、细腻、皱感、斜纹、时尚提花……
	功能	弹力、吸湿透气、冰凉、防污、抗菌、抗紫外线……
	手感	丝滑、冰凉、粗糙……
材料应用		各种材料之间的搭配呼应、特殊功能材料的应用部位

2. 色彩趋势

在服装设计中，色彩起到了视觉醒目的作用。人们首先看到的是颜色，其次是服装造型款式，最后才是服装面料和工艺等。所以色彩在服装设计的表现力和服装美的构成中起着非常重要的作用。色彩要素是运动装设计中非常重要的一个环节，色彩是运动装设计中的最主要的语言之一。运动服装的饱和色能够给人力量感，能够让人在运动过程中保持激情和心情愉悦。进行市场调研时，我们需要特别关注运动装的色彩流行趋势，如图 5-7 所示，了解这一季运动装的主色调、明度、纯度；并结合权威机构发布的色彩流行趋势，如图 5-8 所示，预测下一季的流行色彩。设计师可以根据表 5-5 的色彩调研方向及方法完成色彩趋势调研。

图5-7　色彩趋势

图5-8　下一季流行色

表 5-5　色彩趋势调研

色彩调研方向及方法		
品牌		市场应用范围：
色彩特性	主要色系	黑色、白色、红色、蓝色、紫色、黄色、绿色……
	色彩波段	男、女装色彩明度对比，色彩波段分析
	色彩纯度	不同品类色彩纯度，色彩配比
	流行色	各大品牌相继出现、前几季未出现、秀场出现概率高、趋势机构及网站出现
	各大运动品牌主要搭配色、点缀色	
色彩搭配	主色与搭配色之前的搭配及呼应，点缀色彩的点缀方式，流行色的应用方式	

3. 款式风格趋势

所谓款式即服装的内、外部造型样式。服装款式首先与人体结构的外形特点、活动功能及其形态有关，又受到穿着对象与时间、地点、条件等诸多因素的制约。款式设计要点，包括外轮廓结构设计、内部线条组织和部件设计几方面，外轮廓决定服装造型的主要特征。越来越多的运动装品牌将简洁却极富设计感的时尚与科技感十足的运动风格融为一体，运动装成衣设计特别注重款式的细节，如领、袖、门襟、口袋及下摆等的细节设计。图5-9所示为款式风格趋势要点，包括主风格、新品类及设计手法。表5-6为款式调研方向及方法。

图5-9　主风格/新品类/设计手法

表 5-6　款式风格趋势调研

品牌	市场应用范围
主风格	运动风格、潮牌风格、街舞、嘻哈、运动线条……
设计元素	大标语、中国文化、织带、条纹、批印……
廓型	合体、宽松、H型板、O型板、特殊造型板型
品类变化	创新品类及常规品类的变化
设计手法	各种风格和元素之间的搭配及应用方式

4. 图案趋势

图案是一种装饰性很强的艺术，把装饰性和实用性结合在一起，且可以和服装工艺相结合的一种艺术形式。运动装的图案设计契合运动类服装的款式造型，并能在一定程度上提升设计品位。运动装的图案一般多为数字、字母、标识、运动条纹、动植物图形、抽象图形等纹样组成，其与各种元素的变化及搭配如图 5-10~ 图 5-12 所示。

图5-10　撞彩几何图案

图5-11　科技光点图案

方形标　

圆形标　

造型标　

组合型　

图形结合文字　

文字类　

图5-12　图案基本结构归类划分

　　图案的流行趋势可以和服装工艺、服装色彩、服装结构等元素结合在一起，如图5-13所示。表5-7为图案调研方向及方法。

图5-13　图案趋势

表 5-7　图案趋势调研

图案调研方向及方法	
元素	图案应用方面文化、文化的应用方向
创意	创意是多方面的、综合的文化、形式和结构、工艺的创新等
结构	图案除了文化,最重要的是结构,是以何种形式进行设计创造:海报、几何图形、创意字体设计、拱形等
字体	图案除了品牌特有的文化字形,还有其他的辅助字体,好结构需要好的字体衬托,字体之间如何搭配、如何构造设计
工艺	工艺的搭配可以让图案显得淋漓尽致;常用工艺有:胶浆印花、水浆印花、绣花、植绒、硅胶、厚版、热转移、龟裂、石头胶、无缝膜、高频
色彩	流行色是如何进行搭配、各种色彩之间如何进行呼应衬托

5. 推广主题

主题营销指通过有意识地发掘、利用或创造某种特定主题来实现企业经营目标的一种营销方式。它在原本单纯、枯燥的销售活动中注入一种思想和理念,使营销活动由死板的钱与物的交换变为情感的交流,让销售也具有灵魂。这样顾客在购买和使用商品过程中会得到精神享受和欲望满足,产生一种心理共鸣。将原本单纯的商品,赋予某种主题,可以更好地挖掘商品的卖点,使销售活动更人性化,从而激发顾客的购买欲望。在服装销售过程中,很多品牌都有自己的推广主题,通过橱窗、陈列、宣传牌(海报)等形式展现推广主题,图5-14所示为市场调研时推广主题的形式。

橱窗是展示品牌形象的窗口,也是传递新货上市以及推广主题的重要渠道。人们对客观事物的了解,有70%靠视觉,20%靠听觉。橱窗陈列,能最大限度地调动消费者的视觉神经,达到引导消费者购买的目的。如图5-15、图5-16所示为运动品牌橱窗陈列。

宣传牌　　　　　　　　推广海报

主题陈列

图5-14　推广主题的形式

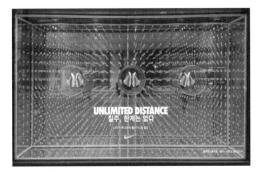

图5-15 橱窗陈列　　　　　　　　　　图5-16 NIKE橱窗陈列

五、市场调研报告的编写

当一次市场调研结束时，要以调研报告的形式对调研进行总结。服装市场调研报告，就是根据市场调查、收集、记录、整理和分析市场、趋势网站资料信息收集，对商品的需求状况以及与此相关的资料的文书。换句话说，就是用市场经济规律去分析，进行深入细致的调查研究，透过市场现状，揭示服装市场运行的规律和本质。

市场调研报告是对前期调研服装市场的分析和总结，对所有收集的相关信息进行整理和分析。调研报告要求中心突出，结构严密，材料与观点一致，并且可以回答出调研任务中提出的问题。调研报告应包含以下基本内容：

（1）调研任务：指出本次市场调研的醒目背景和主要任务。

（2）调研城市：明确调研的城市，城市属于中国哪个地区。

（3）调研途径：调研数据的来源和通过的渠道，包括对调研范围和采访对象的综述等。

（4）分析与归纳：对大量原始数据进行归纳整理。核心内容主要包括：主题元素方向、色彩方向、面料方向、辅料方向、创新工艺、主题推广方式、产品廓型、产品风格方向等（参见表5-1）。

（5）调研结论：顺其自然地得出本次调研的合乎逻辑的、客观的、公正的结论。

市场调研的内容，根据每次调研所需要解决的问题：

（1）出差前目标数据化。

（2）从六个方面顺序看店铺：看款式—看面料—看色彩—看辅料—看主推—看价格。

（3）总结再总结：每天晚上一小结、回来后大总结。

第三节　商品企划

服装商品企划指从服装产品的定位、设计概念的提出、开发计划的制订、系列设计的深入到对设计的评论、筛选、反思等一系列的活动。针对目标消费群，对某个时间段内（单季、双季或一年等）上市的服装产品进行整体的规划与控制，尤其是规划整体产品的方向、结构、比例关系，以及各产品开发的前后关系等。

服装商品企划的作用有以下几点：

（1）制订科学合理的商品研发计划：科学规范公司商品研发生产流程，制订合理的流程标准、制度，努力提高产品研发效率，有效控制商品研发进度，保证产品按时参加订货会。

（2）保持品牌主体风格：产品在开发时风格不会变动，必须确保产品风格具有延续性，设计具有市场操作性。

（3）进行市场调研：收集行业市场信息，研究行业发展动态，为企业高层决策提供战略资料和信息。只有通过市场调研，才能及时探明市场需求变化的特点，掌握市场供求之间平衡情况，从而有针对性地制订市场营销和企业经营发展策略，否则会因盲目和脱离实际的决策而造成损失与失败。

（4）进行分析、总结：对销售数据的分析、总结，有助于正确、快速的做出市场决策，并能及时了解营销计划的执行结果。

服装商品企划涵盖数据分析、流行趋势分析、销售计划、面料企划、色彩规划、品类规划、价格段规划、板型规划八个方面，如图5-17所示为精简版运动综合训练系列产品的商品企划。

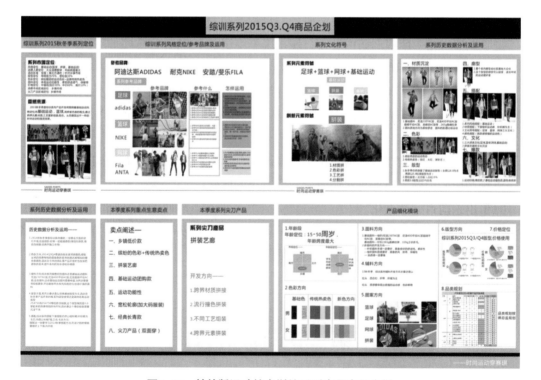

图5-17　精简版运动综合训练系列产品商品企划

一、数据分析

在进行下一季产品的商品企划之前，首先必须分析上一季产品的销售数据。根据销售数据，对畅销、滞销款进行分析，对单款产品销售生命周期进行分析以及产品的客单价进行分析等。通过对销售数据的分析，可以了解市场需求、预测市场需求，指导公司商品结构的调整以及加强商品的市场竞争能力和合理配置。图5-18所示分别为本公司数据分析和竞争品牌数据分析。

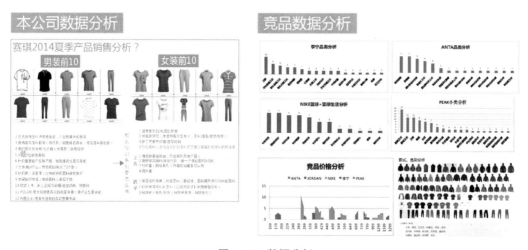

图5-18 数据分析

数据分析的方向：畅销款、滞销款比例，整盘货品结构比例，货品高、中、低价格比例，颜色比例，货品的季节比例，货品正价、特价比例，新款、老款比例，男、女装比例等。

二、流行趋势分析

流行趋势指一个时期内社会或某一群体中广泛流传的生活方式，是一个时代的表达。它是在一定的历史时期、一定数量范围的人，受某种意识的驱使，以模仿为媒介而普遍采用某种生活行为、生活方式或观念意识时所形成的社会现象。流行趋势预测的时间：色彩的预测一般提前24个月，纤维的预测一般提前18个月，面料的预测一般提前12个月，款式设计的预测通常提前6～12个月。

服装流行元素的收集：①筛选——在众多零碎流行元素中，有目标的把适合自己品牌定位的流行元素分类保留下来。②消化——对筛选出来的流行元素，应加以分析、整理、重组，以符合品牌风格及品牌目标消费者的需求。③创新——通过对流行元素的筛选、消化和吸收，在符合品牌定位的基础上再进行新的创作。

　　掌握流行信息对于运动装产品的设计有着重要的指导意义，对流行信息的获得、交流、反应和决策速度成为决定产品竞争能力的关键因素。而对于流行信息的收集、分析与应用，无疑是强化竞争力的重要手段。对服装流行趋势的一种分析预测会在一定程度上，给服装行业的设计形式及理念、销售战略及生产决策提供一定的依据与支持，图5-19所示为针对运动装主题、色彩、款式风格及图案方向等流行趋势的分析。

图5-19　运动装流行趋势分析

三、销售计划

　　销售计划中应包含上市月份及主题推广——即产品上货波段规划及产品主题规划。产品上货波段规划，店铺在上新品时不是一次性把一季所有新品摆上，而是根据产品的特性分几次上货，从而使营业额出现若干个高峰。如图5-20所示，根据季节划分产品上市月份。

　　上货波段的安排要根据产品生命周期、品牌定位、顾客对货品更新频率的需求，每个品牌是不同的。运动服装是一年6~8次的上货波段，依产品的生命周期而定。春秋两季的新货在1月和7月开始上市，基本符合大部分中部地区季节变化的时间点。

图5-20 根据季节划分产品上市月份

四、面料企划

运动装常用面料分为针织面料和机织面料两大类。

1. 针织面料

针织面料是利用织针将纱线编织成线圈并相互串套而形成织物。针织面料的特点：①线圈织物，受外力作用时变化大，伸缩性能良好。②挺括性较差，尺寸稳定性差，服装保形性较差。③机械强度较低，易起球，易钩纱、易脱散、易卷边。④透气性能良好。

2. 机织面料

机织面料是由经纱和纬纱在织机上按一定规律交织而成的制品。机织面料的特点：①二向织物，紧密，耐摩擦，耐用性较强。②挺括，抗皱，服装保形性好。③较稳定，变化趋势小，弹性较差。④防水、防风、保温性能较好。⑤透气性较差。

图5-21、图5-22所示为运动装常用的针织面料和机织面料，每季度会根据流行趋势增加新的面料。面料企划会根据季节性来挑选常规面料并根据流行趋势挑选新的面料，如春夏季运动T恤、Polo衫款式较多，采用常规针织面料。

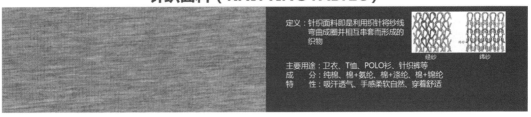

图5-21 针织面料企划

图5-22 机织面料企划

面料选择原则：吻合品牌的理念设定及风格形象，适合不同品类服装的要求。例如，冬季外套可用全棉或毛料等厚面料，休闲外套可选棉麻混纺或棉毛混纺的面料。

面料企划六要素：

（1）适合性：与品牌的理念风格及季节主题等吻合。

（2）功能性：运动功能、生理卫生机能、防护功能、舒适性等。

（3）经济性：价格、洗涤保管的便利性、耐久性等。

（4）造型要素：色彩图案等的表面肌理、质感、风格等。

（5）加工性能：可缝性、立体造型性、与衬料的配伍性、熨烫条件等。

（6）物流要素：物流运输、最小批量、成交条件、品质保障等。

五、色彩规划

视觉营销时代，色彩作为最重要的视觉元素，其重要性在各行各业越来越被重视。在服装领域，色彩运用的恰当与否在一定程度上左右了一季产品的成败。色彩规划是确定的、理性的，通过深入的思考将色彩概念固化，是一个确定的方案结果。在进行色彩规划时，要考虑品牌风格、季节因素、卖场空间因素、服装的上下内外搭配因素以及对设计主题的贯穿。在进行整季色彩规划时，要以品牌风格为指导方向，将整个季度的产品视为一个整体，注重各产品之间的色彩关系，又要注重整体色彩的布局与运营。

成功的色彩规划往往具有以下特点：①符合品牌的风格定位。②符合品牌的市场定位。③与流行趋势吻合。④具有美感。实现这四点，要有理性的思维来规划整季产品的色彩，成功的季节色彩绝不仅仅是几个漂亮的色相，而是要考虑横向色彩的波段延续和纵向同波段色彩的丰富性和互搭性，色彩的秩序、比例、均衡、节奏、强调、呼应就成为色彩规划的核心。

色彩规划的第一步是重新审视品牌的风格定位，色彩的作用是结合面料、廓型、细节来共同构成产品风格，同时也是产品风格的一个体现。图5-23所示为根据色彩的流行趋势，提炼并规划品牌服装的系列色、辅助色和生意色。

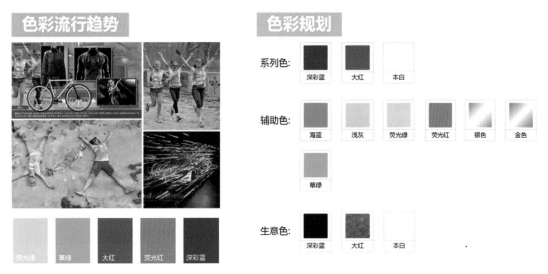

图5-23　色彩规划

六、品类规划

运动装的品类规划可以按产品线类比、上下装配比、款式、色彩、面料、颜色、尺寸等要素来细分。具体来说就是上衣与裤子、内搭与外套类的衣服各自合理的配比是多少。如运动品牌男女装、配饰都有，那么首先应该按男装、女装、配饰三大类别规划合理的比例分配。图5-24所示为某运动装品牌的冬季产品品类规划表。图5-25所示为赛琪品牌夏季产品品类规划样表。

图5-24　某运动装品牌的冬季产品品类规划表

赛琪服装2015夏季品类规划案

大类	系列	性别	品名	户外	面料
上装	11	男	男POLO衫	4	165轻薄涤棉珠地布
			男V领T恤	2	170g50S拉架平纹布 竹节布
			男圆领T恤	4	180g拉架平纹
			男针织上衣总数	**10**	
		女	女POLO衫	3	165轻薄涤棉珠地布
			女背心	1	170g50S拉架平纹布 竹节布
			女圆领T恤	4	180g拉架平纹
			女针织上衣总数	**8**	
	21	男	男防晒服	1	15D尼龙单染压光
		女	女防晒服	2	
			防晒服	**3**	
上装 汇总				21	
	13	男	男水洗七分裤	1	
			男水洗五分裤	1	
			男机织五分裤	1	棉感塔丝隆
			女水洗七分裤	1	
下装 汇总			**裤类**	**4**	
总计				25	

图5-25　夏季产品品类规划样表

做品类规划时不仅要完成服装商品的款式图，还需要确定构成商品款式的各个细节，如造型、材料、色彩、价格、尺寸等，即决定品牌的商品构成。重点在于确定每一品类款型的数量，同时设定背心、T恤、Polo衫、裤子、夹克等不同品类服装的构成比例。在设定不同品类构成时，首先应参考竞争品牌或自身品牌上一季度销售额实绩，制订出各季节、月份的销售额目标，再设定下一季各品类的销售数量和构成比例、各品类的款型数，并考虑色彩、材料、尺寸等要素，确定出不同的品种规划。

七、价格段规划

服装品牌能在多大程度上占有市场，合适的价格设定是关键因素之一。价格对企业而言，是确保销售额增长和实现利润的关键。消费者对价格通常都比较敏感，应优先对目标消费者的价格观念进行调查分析。商品越便宜并不意味着对消费者越有吸引力，现今的消费者愿意购买能够满足自身欲求或者令自己怦然心动的商品。

消费者在挑选商品时一般都会评估合算的程度，对此可以用以下等式来衡量：合算程度=（商品的效用+令人兴奋与心动的程度）/产品的价格；消费者对产品"合算程度"的心理评估是企划人员制订产品价格计划的重要依据。

价格带是用价格的上下限表示价格的波动幅度，如图5-26所示为服装各品类的价格带，一般每个品类价格在5~6种内为好。图5-27所示为男女装价格比例规划。

赛琪服装2014Q4商品价格、上市月份详细规划案

服装	品类	性别	199元以内 1号	15号	209-249 1号	15号	259-299 1号	15号	309-349 1号	15号	359-399 1号	15号	409-449 1号	15号	459-499 1号	15号	499以上 1号	15号	合计
15类长裤	针织长裤	男	1		2		1												4
	针织长裤	女	1		2		1												4
	机织长裤	男	3																3
	机织长裤	女	3																3
	水洗长裤	男	1		1		1												3
	水洗长裤	女	1		1														2
14类牛仔	牛仔裤	男			1		1												2
23类线衫	线衫	男			1		3												6
	线衫	女					2												2
24类棉衣	夹克塞棉衣	男							1			1	1			1			4
	夹克塞棉衣	女									1	1							2
	夹克行棉衣	男					1				1				1			1	4
	夹克行棉衣	女					1				1	1	1						4
	散摆塞棉衣	男							1		1				2	1			5
	散摆塞棉衣	女							1		1				1				3
	散摆行棉衣	男							1		1	1	1		1				6
	散摆行棉衣	女					1		1		1	1	1		1				7
	双面穿棉衣	男									1				1			1	3
	双面穿棉衣	女							1						1			1	3
	中长版棉衣	男													1				1
	中长版棉衣	女									1				1			1	4
26类羽绒	男羽绒服	男															2	5	7
	男羽绒服	女															2	5	7
汇总价格及款数			12	0	11	0	9	0	6	0	7	7	5	2	9	4	4	13	89
占比			13%		12%		10%		7%		16%		8%		15%		19%		100%

图5-26　服装各品类的价格带

八、板型规划

品牌服装的板型风格是企业走向规模化的必经之路，是服装品牌成熟的象征，一个好的品牌板型风格需要一代甚至几代技术人员的努力。运动装的板型按照性别、款式可以分为宽松板型、传统板型和修身板型，如图5-28所示。

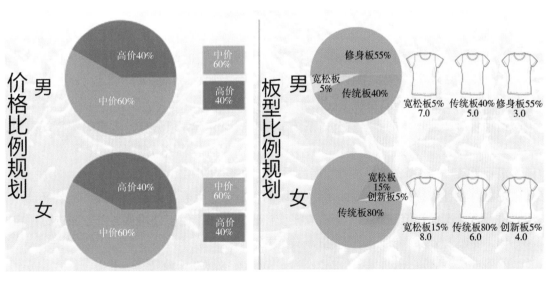

图5-27　男女装价格比例规划　　　　　图5-28　板型比例规划

时尚在变化，板型也在演变着，运动装的板型随着流行的演变，在结构、领型、腰身、肩部、袖型等方面都发生了变化。如图5-29所示，运动装的板型现在变得越来越修身，但不过分紧身，给运动者的穿着体验不造成太多负担。

图5-29　运动装板型规划

第四节　产品开发

服装产品开发流程通常始于市场调研，止于产品的投产与上市，其中涉及环节较多，各环节紧密连接、环环相扣。整个产品开发的流程需要各部门协作进行，将市场销售信息、新的流行信息和品牌的发展战略等有机结合在一起，即设计、产销间的统筹与协同管理，如图5-30所示为产品开发流程图。图中列出了服装产品开发中的主要内容及其相互关系，将服装产品开发概括为"3P"——计划（plan）、研发（produce）、推出（present）三部分，即调研与计划、设计与研发、定价与上市三个部分。

运动装新产品开发是一项复杂的系统工作，需要掌握大量信息，考虑消费心理，并结合服装企业具体的生产技术条件进行实施。现代市场营销学已把制造商、零售商、媒体、消费者之间的链条关系作为开发产品时所必须考虑的因素。

根据对各种信息的分析，设计师对服装的外造型、色彩、面料、结构、工艺等设计因素进行全盘考虑和策划。设计师在方案设计初期，为了便于公司从各个方面进行评审和筛选，要做大量的设计工作，包括以下几方面内容：

（1）服装款式设计：包括外部轮廓设计、内部造型设计和局部细节设计。

（2）面料、辅料的选择与确定：面料的选择能决定服装的风格和定位，也能确定服

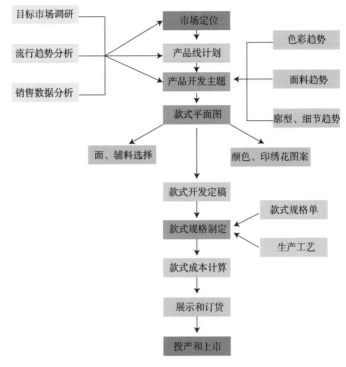

图5-30 产品开发流程图

装的档次。设计师越来越注重面料的选择。服装企业为自己的品牌确立独创性，需要以国际流行面料信息为基础，组合品牌所需要的面料。有时为了表现品牌的个性，需要研发和定织定染一些独特的面料。

（3）制作工艺说明：服装的工艺设计非常重要，特别是一些特定的服装，如皮装、针织类服装、内衣等，只有服装效果图和结构图，没有对工艺的精心设计，服装不可能达到预期的效果。制作工艺说明指用文字或图表表示出服装各个部位的缝制方法、制作要求等。初步设计的工艺说明区别于生产工艺单，不需要过于详细和具体，但对与服装效果相关的关键结构和特殊要求必须详尽地注明，有时还需要备注特定的设备辅助工艺，如图5-31所示，为插肩袖T恤的生产工艺制作单。

一、款式设计

服装款式设计的表现手法有两种：一是表现服装穿着在人体上的效果图，包括服装的款型、色彩、面料、配件、穿着的场合、背景及气氛等。画法不论是采用电脑或手绘，都要求风格明确，人体及服装的比例准确、结构表达清楚。服装画常以绘制模特的正面或侧面的穿着角度为主，并加画服装后背图，在一些细节处还可以绘制解析图和部件特写图，目的是为了全面、准确地表达服装的款式结构。另一种是服装平面结构图，这类图在设计生产中运用较为广泛，这种形式不强调服装在人体上的状态，而是强调服装的款式及结构。如图5-32、图5-33所示，为运动装款式设计平面结构图。

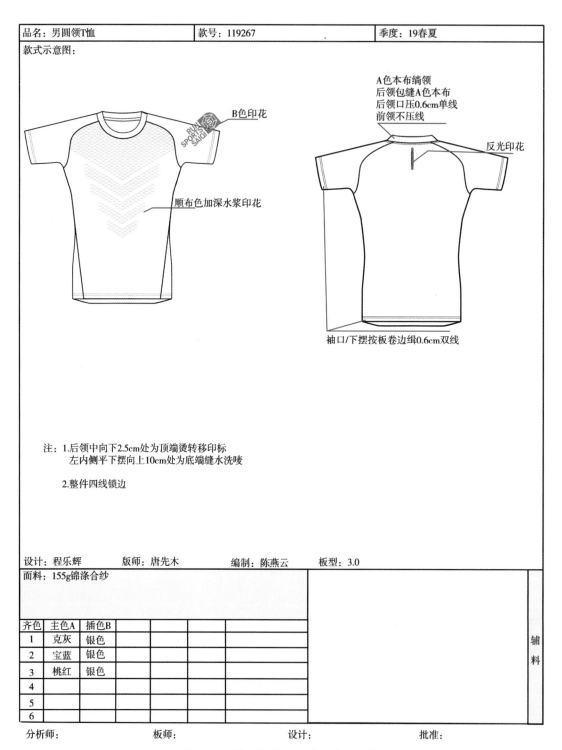

品名：男圆领T恤	款号：119267	季度：19春夏

款式示意图：

B色印花

顺布色加深水浆印花

A色本布缩领
后领包缝A色本布
后领口压0.6cm单线
前领不压线

反光印花

袖口/下摆按板卷边绲0.6cm双线

注：1.后领中向下2.5cm处为顶端烫转移印标
　　　左内侧平下摆向上10cm处为底端缝水洗唛

　　2.整件四线锁边

设计：程乐辉　　　　版师：唐先木　　　　编制：陈燕云　　　板型：3.0

面料：155g锦涤合纱

齐色	主色A	插色B				辅料
1	克灰	银色				
2	宝蓝	银色				
3	桃红	银色				
4						
5						
6						

分析师：　　　　　　板师：　　　　　　设计：　　　　　　批准：

图5-31　插肩袖T恤的生产工艺制作单

T恤类设计
主要是以文化图案设计为
主、融入部分款式设计

POLO类设计
主要是以款式设计为主

卫衣类设计
圆领带帽和圆领主要是以文化图案为主
圆领开襟带帽和开襟主要是以款式为主

图5-32 运动装款式设计平面结构图之一

夹克类设计
主要是以款式为主

棉衣和羽绒服类设计
主要是以款式设计为主

图5-33 运动装款式设计平面结构图之二

1. 图案文化、标识设计

运动服装的图案多由数字、字母、运动条纹等纹样组成。这些纹样简洁、明快和直观。图案构成了多数运动服装的基本形象，并赋予服装深刻的文化内涵，如 adidas 代表胜利的三条杠，正是它区别于其他服装的基本特征，如图 5-34、图 5-35 所示。

图5-34 adidas品牌Logo

图5-35 PUMA品牌Logo及图案设计

2.齐色设计

齐色设计就是设计师在设计款式时，一般每个单款会有 3~5 种颜色。齐色板就是根据设计图配齐所有颜色的板，齐色齐码：就是说每款服装的颜色，号码都有，而且是按照订单生产的比例齐全。如图 5-36 所示，为单款运动外套齐色设计。

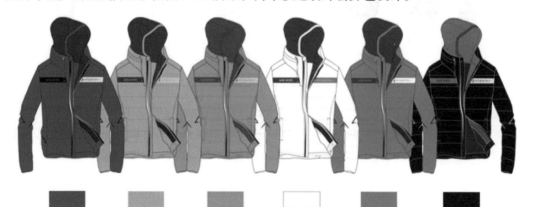

图5-36 运动外套齐色设计

二、样衣制作跟踪

（1）技术部工艺研发组根据新产品风格制作工艺单。

（2）技术部板型组根据新产品风格制作母板并进行纸板分割后，交设计部审核。

（3）技术部样衣组裁剪和制作样衣。

（4）技术部进行样衣筛选、板型和工艺论证，交研发中心总监审核。

审核标准：产品与设计图相吻合，如与设计图有误差，在审核过程中由研发中心总监提出修改意见。

三、大货生产流程

1. 产能分析

生产部经理在接单前参照营销中心季度下单款的上市时间，召集各车间主任对各管辖区班组，进行产能分析，依据：①班组人数，②技能水平，③ IE（工业工程）部预估单款工时并做出产能分析表。

2. 接单

生管部接生产部提交的产能分析表，结合营销中心季度款式上市时间及 IE 部单款的预估工时进行复核，无误后给生产部排单。

3. 生产计划

生产部接单后，按产能分析表及班组实际接单上线时间，遵循"大小搭配，难易结合"的原则，做出各车间班组具体的生产计划。

4. 工艺分析

IE 部在分析工艺和排工序时，根据款式的难易程度，认为有必要召开研讨会，即通知品质主管和车间主任前来一起讨论、分析。

5. 产前样交接

IE 部产前封样结束后按生产主体计划的时间将正确的标准样、封样单和工序表转交生产部文员。

6. 熟悉工艺

（1）生产部（车间主任、组长）：品管部（品质主管、车间QC、组检、总检组长）在大货裁剪之前必须熟悉整款的工艺要求并填写工艺熟悉记录表，分部门填写工艺熟悉记录表，每个部门填写一份但必须由以上指定人员同时签名，生产部、品管部各复印一份交由生管部数控专员处存档。

（2）熟悉工艺核对的内容：工艺要求与样衣是否相符，颜色搭配、工艺操作是否正确、合理等，如有疑问待产前例会过后汇总，一起由IE技术组与研发技术部沟通处理。

7. 裁床领料

裁床主管按生管部"生产主体计划"及生产部排单计划的先后顺序，安排人员到布料仓领料，在领料时要核对数量、缸号、布种，必须跟色卡、备料单相符，无误后在交接单上签名。

8. 唛架审核

裁床主管、组长根据排板的要求和避裁等异常问题进行核对，并注意区分面料缩水问题及同一个款式采用两套纸板操作的问题。

9. 拉布

（1）注意布的正反面，对雕花、色差、疵点要尽量留意，发现问题及时反馈。

（2）拉齐布边，做到二齐一平，门幅不统一的宽幅宽用，并做好拉布记录。

（3）严格控制编布层数，确保裁片质量。

（4）未铺的面料要堆放整齐，注意清洁，不够板长的零头要注意收集、编号以备换片。

（5）出现有短码或料疵，如边中差、色档较多，死印、纱节多等情况，应及时反映主管部门。

（6）开刀前，如有排板不明确、不符合的地方，问清再操作。

（7）开刀重在上下一致，打眼正确，上下不得倾斜，刀眼大小要符合现实，位置准确。

（8）编号字迹不得超过1cm，应与裁片的边角位置编号同，原则上缝制后看不到编号。

（9）字迹要清楚，不得有重叠、双号。

（10）挑选好编号笔，防止笔的油墨对面料表面产生渗透。

（11）编号的裁片要分清规格、批号，堆放不得串位，以防搭放错误。

（12）仔细验片，检验裁剪的质量与疵点情况，发现不合格及时挑出换片。

（13）补调换的不合格衣片要隔离存放，调好的裁片要编号并放入原位。

（14）做好换片的裁片疵点统计、归类工作，完成后交存档。

10. 大货裁剪

大货生产首先从面料裁剪开始考虑，监控裁片各项指示准确无误，面料缺差情况，缸差情况，布疵换片标准把关，粘衬的缩率和粘力牢度等。

11. 裁片交接

（1）裁床车间在每款裁剪1~2床后，组织编号工开始按裁剪顺序编号，优先编需要印绣花的裁片，裁剪组长把编号完成的裁片以床号为单位，随同裁床单、布头，转交给物流配送组，并办理交接手续。

（2）物流配送组把从裁剪组交接过来的裁片，需要印绣花的裁片及布头交接给IQC验片组，并当面清点数量明细，无误后签字，其他的裁片物流配送组按款号、班组分类上架。

12. 验裁片

首先验需要印绣的白片，主要检验及核对的内容：布料疵点、颜色、裁片大小、编号的位置和清晰度等。

13. 印绣花验片

印绣花验片主要检验及核对的内容：印绣花疵点、图案、字母、颜色、牢固度、位置、裁片缩率大小、编号的顺序排列等。

14. 班组做试产样

由班组长按工艺要求、标准于上线前两天以上制作完成（包括对照工序表），其目的是熟悉掌握工艺以便指导员工操作。

15. 试产样封样

（1）由品管部QC员负责检验、核对，主管审核，如果尺寸超过允许误差须立即反馈到IE技术组（注：此尺寸封样单转一份给IE部）。

（2）品质主管审核后将样衣所存在的问题和注意事项及时反馈给班长和车间主任，如果需要可以通知生产、品管、IE部经理前来分析和研讨。

（3）在审核班组首件样时，如开产前例会遗漏事项，需增加到产前例会报告单上。

16. 班组产前会

（1）班组产前会由班组长于大货上线前主持召开，品管QC参与讲解。

（2）参加对象为：全组员工、车间主任、品质主管、车间QC、组检、工艺员、IE员。

（3）召开班组产前会的资料依据为样衣、产前例会报告和工艺单。

（4）讲解每道工序的注意事项和标准，确保每位员工都清楚明白自己所做工序的要求和标准。

（5）将需要首件工序确认的工序和要求告知员工并做说明。

17. 工艺讲解及示范

（1）班组开款上线时由班组长对员工进行现场工艺讲解及示范，QC现场跟踪质量及标准说明。

（2）对特殊工序和破坏性的工序进行跟踪、指导和预防。

18. 员工首件工序确认

由班组长对班组产前会提出的首件工序进行审核、确认并签字（注：特殊工序由品管部和IE部确认），方可批量生产，确保每位员工清楚明白自己所做工序的标准。

19. 首批成品检验

（1）车间班组以最快的速度产出的小批量成品，就称为首批成品（5~10件）。

（2）由品管部质检、现场QC一起对首批成品进行全面检验、核对并及时填写"首批成品检验报告单"，其检验、核对项目：颜色搭配、规格尺寸、工艺操作等是否与要求相符，并交品质主管进行审核存档。

（3）首批成品检验必须跟踪到齐色齐码，组检需以最快的速度将每个颜色的前20~30件合格品转入后道总检检验，便于及时转交终检部确认。

（4）所有针织产品和机织浅色产品需由现场品管测试水洗，测试核对项目：缩水率、色牢度等其他变化情况。

（5）要求班组现场悬挂实时生产颜色的样衣，如果样衣不齐可用首批确认后的大货

（时间为转色生产8小时以内）。

20. **对问题分析、改进**

（1）针对首批检验出来的质量问题，由品质主管及时组织班组长、QC员、组检和主任进行讨论、研究和分析，并采取纠正措施（如果问题较严重必须及时上报生产部经理和品管部经理）。

（2）班组长应严格监督、指导员工及时返工，并将不良操作手势和方法给予纠正。

（3）在大货上线3~5天，由品管部确认一件最低质量收货标准（包括线路和平整度），挂在现场做标准。

（4）举一反三，寻找和预防其他类似问题。

21. **批量生产**

当员工对首批问题进行改进和更加明确质量标准后，开始大批量生产。

22. **自检、互检**

（1）自检：员工在缝制过程中将自己做好的工序按要求和标准进行检验，确保每件产品的质量符合标准和要求（即"三不"原则中的不生产不良品和不传递不良品）。

（2）互检：是工序与工序之间互相检验，操作工在接收上道工序生产之前或者生产中必须将上道工序的质量进行检验，如有不合格立即反馈到上道工序或组长，要求在本工序操作10cm范围内必须将上道工序的不良品检验出来（即"三不"原则中的不接收不良品）。

23. **巡查**

生产部班组长、车间主任和品管部QC、现场主管对各班组的产品质量进行不定时的巡查。

24. **组检**

根据产品的质量标准，查好产品的各部位，尺寸、线迹、疵点、工艺要求等，不漏查、少查，做到无油迹、脏迹、线头、工艺线顺直。

25. **成品交接**

包装组成品交接员每天按时到各车间班组合格品堆放区交接成品（每班交接一次），在交接过程中严格按照成品交接单明细进行填写（包括款号、颜色、型号），确认无误后，交接双方签字。

26. **大烫**

整件衣服做好成品后，熨烫衣服做最后的修整。

27. **抽湿**

大烫后的产品进入抽湿房，注意针织和深浅色相拼的产品必须抽湿8小时以上，其余产品不少于4小时。

28. **总检抽检**

总检员将大烫抽湿完成后的成品进行抽检，其抽检比例30%~50%，分批次抽检，合格率低于95%的需全检（每个色的首批及时转后道包装送终检部确认）。

29. 信息反馈

总检组长将总检员检验出来的问题及时反馈到生产班组长及组检，便于及时纠正。

30. 持续改进

车间主任或者品质主管应不定时地组织相关人员召开质量改进会议。参与产前例会的人员应在生产过程中验证产前例会中的注意事项和预防措施的实施效果。

31. 包装

从车间出来的大货衣服以后的查验，修剪线头、整烫、包装等处理工序。

32. 终检入库抽检

终检部接到生产部的各色首批确认时限为：包装方法4小时内、首批检验结果1个工作日（如需要水洗为2个工作日内），如有异常须立即反馈。正常大货抽检按"终检部抽检作业流程"执行。

四、订货会

服装订货会指服装企业邀请经销商、加盟商集中订货，再根据客户订单分批分次出货的一种市场运营方式。

各品牌服装企业每年至少要开两次以上订货会，主要分为春夏、秋冬两季订货会，企业通过订货会现场模特展示、导购解说引导客商订货，最后根据订货量，制订、安排全年的生产、销售计划，订货会是服装企业最主要的运营方式。如图5-37、图5-38所示为运动品牌订货会现场。

图5-37 订货会现场之一　　　　　　　　图5-38 订货会现场之二

1. 服装订货会操作

（1）为服装品牌企业组织四季产品发布会或订货会，订货会走台产品的视觉、产品组合陈列、模特造型确认、舞美、灯光、T台、媒体宣传视觉等一系列宣传工作备案。

（2）补充季节产品设计，丰富发布会或订货会产品推广主题定位及主题宣传，使发布会或订货会产品具备完整性。

（3）策划、印刷发布会或订货会企业产品宣传册、首席设计师宣传、产品面料特点、工艺宣传等一系列相关发布会所需资料准备。

（4）组织新闻媒体形成新闻稿、通稿、设计师专访、投资人专访等一系列传媒所需要的宣传文本。

（5）组织发布会走台，选择模特、造型、灯光、发布会拍摄等一系列相关工作落实达成。

（6）设置舞台监督，控制发布会现场走台的相关工作完成。

2.注意事项

（1）新品风格是否与品牌原有风格保持一致。这要看产品的色系、款式和营造的卖场环境。

（2）新品的价格体系是否符合要求，从中可以看出品牌是否能适应当地市场。

（3）新品的面料、尺码、样板板型及工艺是否符合当地消费者的着装习惯、体型特点等情况。

（4）能否接受当季的营销政策，新品往往有不同的营销政策，如订单量、附属产品等，要考虑具体情况。

第五节　产品售后信息分析

一、销售数据收集

服装产品重要销售数据收集，包括产品销售总金额、产品销售总数量、产品库存量（单款、总量）、库存与销售比例、单款销售期（单款总量/销售频率）、销售尺码比例、款式类别比例（如上衣、裤、套装等）、季节款销售周期等。如图5-39所示，为产品入库数量和售罄率的数据收集与分析。

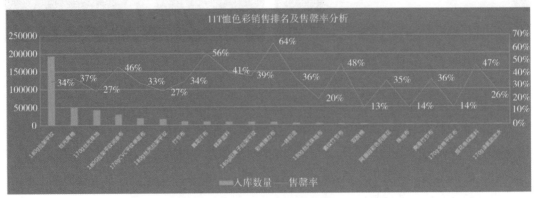

图5-39　产品入库数量和售罄率的数据收集与分析

二、销售数据分析

一般的服装公司数据分析可以分为两类：一类是销售数据分析，一类是货品数据分析。

销售数据分析可以做得很细，也可以是区域性的。大的方面，可以是区域销售市场的数据报表，同竞争品牌、同区域市场数据变化，如同比、环比数据对比。小的方面，可以具体到销售个人。通过对区域、个人销售数据分析而得出结论，销售个体需要哪些培训、提升、激励，从而给营运部门数据支持，给货品部门数据分析。营运部门（或者市场部门）根据数据分析而制订市场计划，货品部门根据数据而制订货品调配策略。公司高层通过数据分析而制订发展计划。

货品数据分析可以分为几个环节：①新货销售数据分析，通过数据跟踪调整上货节奏、货品调整计划、货品促销制订、折扣率控制。②库存数据，监控库存情况，库存预警。③具体款式细节，畅滞销售款式、颜色统计，从而为买手制作货品备忘录，为陈列部门提供数据支持，陈列部门参考畅滞销货品，调整实体店面陈列手法。④历年来销售数据、买货数据分析，验证调整上货节奏、季节变化因素、买货额度。如表5-8所示，为数据分析表。

表 5-8　数据分析表

数据分析项目	每月分析频率和时间	备注
畅销、滞销款分析	每周一分析上周	列在销售周报表中
单款销售生命周期分析	每月1、16日分析上半月	分析重点款即可
销售/库存对比分析	根据上货时间安排	分析重点款即可
人流量及销售时间特点分析	店铺营业时间确定前	做一段时间的数据统计和分析
老顾客贡献率分析	每月3日前	即时登记顾客购买
导购个人销售业绩分析	每月3日前	每天登记个人销售业绩
导购客单价分析	每周一分析上周	即时登记并列在周报表中
品牌的市场定位分析	每年年度总结	由公司总部或代理商完成
竞争对手数据分析	即时	重点针对对手新品上市时间

三、开发指导

销售数据分析，对新一季的产品开发起着重要的指导作用。例如，本季畅销的产品，下一季会有一定的延续；而针对滞销产品，设计师分析滞销原因，避免下一季的产品开发出现同类错误。图5-40、图5-41所示为根据数据分析对下一季产品开发的色彩、面料指导。

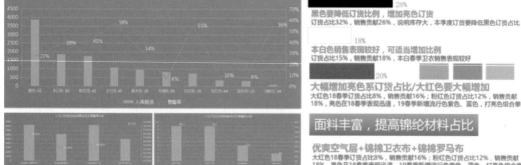

图5-40　2017年女卫衣销售数据分析

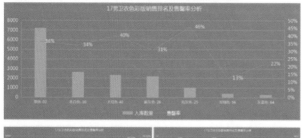

图5-41　2017年男卫衣销售数据分析

思考与训练

1.对运动装商业设计整个流程的讲解及案例分析。

2.品牌运动装商品企划案的8大环节。

3.虚拟一运动品牌，完成该品牌2020年秋冬商品企划案。

第六章　运动装全盘货品开发案例

课题内容：企业案例，教学案例

课题时间：12 课时

教学目的：通过案例分析，让学生熟练运动装全盘货品开发的实际操作。

教学方式：通过理论讲解、案例分析，阐述并分析运动装全盘货品开发的要点，并引导学生进行某一主题的货品开发。

教学要求：1. 了解运动装各品类。

2. 掌握运动装全盘货品开发的要点，完成秋冬季主题的货品开发。

课前准备：收集知名运动品牌本季的主题，并对该主题进行案例分析。

作　　业：1. 完成秋冬季主题的货品开发。

2. 完成一系列的配件设计。

第一节　企业案例

一、SAIQI 运动品牌 2017 春夏季货品开发案例

　　SAIQI是一个时尚运动品牌，其主要针对的消费群体是普通收入且追求时尚热爱运动的人群。年龄定位为18～45岁消费对象，以热爱时尚运动的群体为主，包括在校大学生、白领等。

　　主题，指服装产品设计中所要表现的中心思想，是贯穿于产品设计到终端推广的灵魂。它是设计内容的主体和核心，是设计师对灵感和创意的表达。主题的确定是由服装设计师或企划师结合当下的流行趋势归纳总结的，应该符合市场的流行趋势和文化导向。

　　主题的内容可大致分为文化类和功能类。文化类主题主要以文化为导向，结合即将流行的文化现象或概念进行主题设计；功能类主题主要是以在服装上能实现的某种实际功能为导向的主题设计（图6-1）。

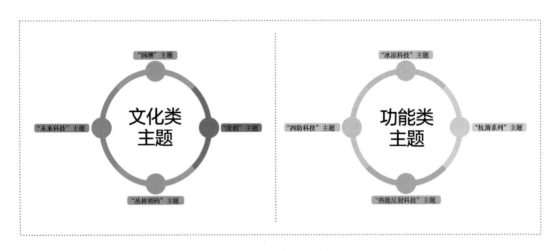

图6-1　主题分类

　　春夏季户外系列主题为"丛林密码"（图6-2）：本主题通过丛林元素为文化载体，传导人们对自然的热爱和对"人与自然和谐相处的"呐喊。同时，宣扬人们对环保世界、追踪自然心理诉求的潮流性运动服饰系列。

图6-2　春夏户外系列主题"丛林密码"

1. 系列定位

目标消费群体分析、产品诉求，如图6-3、图6-4所示。

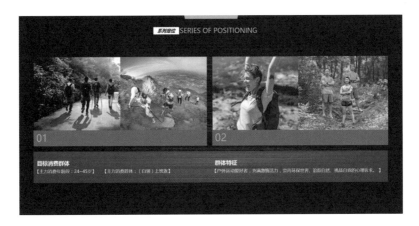

图6-3　目标消费群体分析

图6-4　产品诉求

本系列针对的是24~45岁追求时尚运动的都市白领，他们是户外运动的爱好者，充满激情活力，崇尚环保、追踪自然；精力旺盛，兴趣广泛，充满激情，敢于接受挑战。24~45

岁的在职年轻人，年轻有活力，平时往往比较注重工作，时间有限，不能长期休假，过惯了城市热闹的生活，厌倦人造景观的氛围，会特别想去挑战一下自己，证明一下自己，把压力都释放出来，并且他们有一定的经济基础，但空余时间有限，是理想的消费市场。

2. 产品诉求

产品诉求更多专注于高科技、功能性。

（1）防污防水科技面料：原理如同荷叶一样，采用一种纳米工艺技术，使面料表面分布一层二氧化硅粒子，这种材质可以使面料形成一定的隔离层，当水沾到面料上时可以让水分向与面料成150°的方向滑落，从而达到防水防油污的目的。它利用内外层织物的亲、疏水性不同，并通过特殊的编织方法，使汗液极易蒸发快干，透气不闷热，除了本身透气，衣服内层的吸水功能使之快速导湿，让人出汗后可以免受汗液粘身的痛苦。

（2）功能性面料：具有反光、防晒、透气功能。如融入反光材料，提高弱光环境下的安全性能。机织或编织的防晒材料是依靠面料来转移/吸收/反射UV紫外线，采用超密高D数的织造结构，面料越紧密挡光能力就越强；防晒陶瓷纤维与聚酯纤维结合，增加衣服表面对紫外线的反射和散射作用，防止紫外线透过织物损害人体皮肤。此类防晒衣受浸水和洗涤的影响较小，防晒功能可以保持长久。防紫外线功能的服装，透气性能好，汗水会迅速由皮肤表面导出至织物表面，并很快干燥，不再受到汗湿的困扰。

3. 流行趋势分析

（1）色彩趋势分析：本系列户外运动装的主色调以偏暗色调为主，点缀色以灰调的亮色为主，如图6-5所示。

（2）款式分析：防水、防污、速干的科技功能T恤成为市场的主流趋势，如图6-6、图6-7所示。

图6-5 色彩趋势分析

图6-6　T恤款式分析

图6-7　皮肤衣款式分析

4. 产品设计

产品设计理念及设计手法如图 6-8 所示。如图 6-9 所示为"丛林密码"主题产品设计。

图6-8　主题设计理念

图6-9　主题产品设计

（1）T恤设计：图案设计是T恤设计的最重要的板块之一，在设计图案时要紧扣主题，在主题框架下发挥设计师的创意进行创作，在图案设计的同时整个系列元素都要与"丛林"的文化有关联（图6-10），以丛林老虎作为主要素材结合字母及Logo标识来设计。

图6-10　T恤图案设计

（2）Polo衫设计：与圆领T恤不同，Polo衫的设计更加侧重于面料、色彩、板型等板块。在做主题系列设计时，可以通过标识图案和面料色彩来结合主题（图6-11）。

图6-11　Polo衫设计

（3）裤装设计：裤装的设计比较侧重于面料和板型，在做主题系列设计时，裤装可以通过标识图案和面料色彩来结合主题（图6-12），以及裤脚口标识图案设计。

图6-12 裤装设计

（4）防污防水皮肤衣和机织裤设计：皮肤衣更注重色彩设计，鲜艳的彩色对紫外线的隔离率最大，在设计中可加入流行色彩进行拼接，如图6-13所示。

图6-13 皮肤衣、机织裤设计

5.**配件设计**

运动属性配件品类众多，例如，①健身器材、器械：跑步机、踏步机等。②康体器材、器械：握力器、臂力器等。③竞赛项目用品：足球、篮球、排球、乒乓球、网球、棒球、垒球、壁球、保龄球、台球、高尔夫球，以及围棋、象棋、扑克等各种项目用品。④运动护具：滑雪镜、护腕护膝、防护眼镜、骑行镜、篮球眼镜等。⑤运动服饰：运动手套、运动鞋、袜，运动服装、运动帽、运动饰品等。⑥户外运动休闲用品：帐篷、睡袋、折椅、登山包、运动手表、望远镜等。⑦运动场馆：场地设施、场馆设施、游乐场设施、场馆灯光、音响等。⑧其他运动用品：运动营养品、运动饮料、纪念品、奖杯、奖牌、体育书报、体育杂志、体育音像制品等。

　　并非每个运动品牌都会有齐全的运动配件在终端销售，每个运动品牌大多会根据各自品牌的营销策略来生产和推广相关配件。目前，国内终端市场出现较多的运动配件集中体现在各种款式的包包、帽子、袜子、护具、手套、各种球类等板块，一些专业户外品牌还会推出相应的户外配件，如图6-14所示。

图6-14　配件设计

6.板型、工艺设计

（1）板型设计：需要根据企业设定的板型标准和系列规划来设计、划分，如图6-15所示，为某企业的板型标准。用数字定位法将板型分为不同的类型，奇数代表男款，偶数代表女款。如男款分为3.0（修身板）、5.0（标准板）、7.0（宽松板），女款分为6.0（标准板）、8.0（宽松板）。

图6-15　板型设计

根据公司的开发计划，"丛林密码"系列开发规划总数为40款，结合公司的货品计划和市场流行趋势将板型规划为：修身板占比20%（8款）、标准板占比50%（20款）、宽松板占比30%（12款），如图6-16所示。

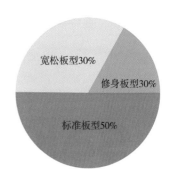

图6-16 板型规划

（2）工艺设计：目前市场上出现的工艺丰富多彩、千变万化，并且随着科技的发展，工艺也在不断创新升级。工艺的创新和设计是春夏季产品最重要的卖点之一。目前，国内外运动品牌市场中比较流行的、在夏季产品上运用较多的为印花工艺、绣花工艺和无缝热压工艺。

① "丛林密码"系列产品的印花工艺：

a.胶浆印花：染料通过凝胶的介质作用，牢固地附着在面料上，克服了水浆印花的局限性。其特点是适应各种色深及材质的印花，它可在棉、麻、黏胶、涤纶、锦纶、丙纶、氯纶及各种纤维的混纺织物上印花，也可在皮革、人造革等材料上印花，用它可进行荧光印花、喷墨印花、烂花印花、静电植绒印花等印花工艺。胶浆印花工艺最大的优点是应用广泛，色彩靓丽，还原度高，但它的印制工艺相对于水浆印花工艺要复杂，成本相对要高。

b.厚板印花：源于胶浆的基础上，就好像是胶浆反复印了好多层一样，它能够达到非常整齐的立体效果，一般适宜用在较运动休闲型的款式上，图案一般采用数字、字母、几何图案、线条等，线条不宜太细。如图6-17所示为"丛林密码"系列运动T恤印花，采用胶浆印花和厚板印花工艺。

图6-17

图6-17　T恤胶浆印花和厚板印花工艺

　　c.植绒印花：指在承印物表面印涂黏合剂，再利用一定电压的静电场，使短纤维垂直加速植到涂有黏合剂的坯布上。如图6-18所示为"丛林密码"系列运动T恤印花，采用植绒印花和胶浆印花工艺。

图6-18　T恤植绒印花和胶浆印花工艺

　　②"丛林密码"系列产品的绣花工艺：绣花工艺是在服装的一定部位用丝、毛、金属或其他质地的纱线，手绣或机绣出设计好的图案。主要工艺有彩绣、拉绣、十字绣、贴线绣、珠绣、闪光片绣等。运动装多用有规则的几何纹样、字母图案或是品牌Logo等，如图6-19所示为"丛林密码"系列Polo衫下摆字母图案绣花工艺。

　　③"丛林密码"系列产品的无缝热压工艺：无缝热压工艺是将两块面料沿拼接处热熔连接，至少在拼接处面料一侧设有与面料热压黏合的单面胶带。服装无缝线拼接结构的拼接工艺步骤为：a.将待拼接的两块面料采用超声波热熔工艺沿拼接处熔接在一起；b.在拼接处的面料一侧采用热压黏合工艺固定单面胶带。采用无缝拼接结构的服装具有穿着舒适、轻巧方便、防风、保暖、防水等特点。如图6-20所示为无缝热压口袋。

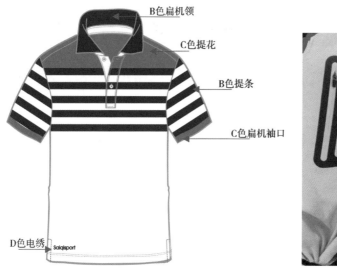

B色扁机领

C色提花

B色提条

C色扁机袖口

D色电绣　Saiqisport

图6-19　T恤绣花工艺

图6-20　无缝热压口袋

7. 产品陈列设计及推广

运动品牌的产品陈列，会根据主题进行区域划分，如慢跑系列、足球系列、篮球系列等。大部分运动品牌的空间陈列都是讲述品牌故事的一个舞台，让消费者体验一种运动经历。每个店铺的大小不同，所包含的区域也不同。品牌会定期在店铺的空地进行不同主题的陈列，如图 6-21 所示为 2017 春夏季 SAIQI 品牌户外系列"丛林密码"主题板墙陈列设计。在陈列手法上做主题焦点区展示，用 POP 海报结合实物陈列，突出"丛林"和"动物"元素，如图 6-22 所示。

图6-21　"丛林密码"主题板墙陈列

图6-22　主题POP海报结合实物陈列

运动品牌更强调功能性，如何在陈列手法、道具上突出每款产品的功能性非常关键。如图6-23、图6-24所示为2017春夏季SAIQI品牌户外系列产品陈列及推广，强调的是防水防污功能性。在陈列手法上做主题焦点区展示，用方形POP结合产品实物陈列以及各种户外道具。

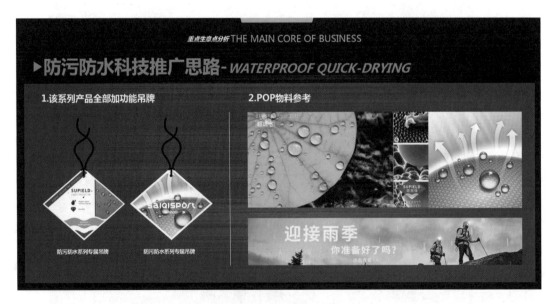

图6-23　产品陈列推广思路之一

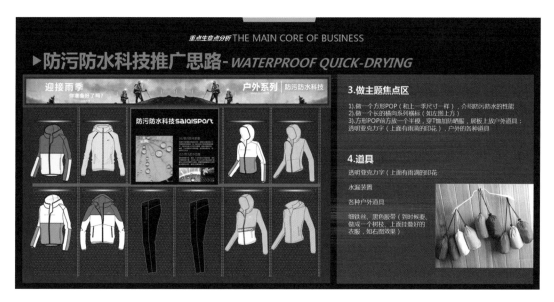

图6-24　产品陈列推广思路之二

二、SAIQI 运动品牌 2018 秋冬货品开发案例

SAIQI 2018秋冬季跑步系列主题为"动型科技""复古运动风"。"动型科技"主题强调的是动型"3D"科技，围绕3D立体结构，人体工学设计，做到"衣体合一"，尽可能实现肢体动作上最大程度化的完美配合，如图6-25所示。

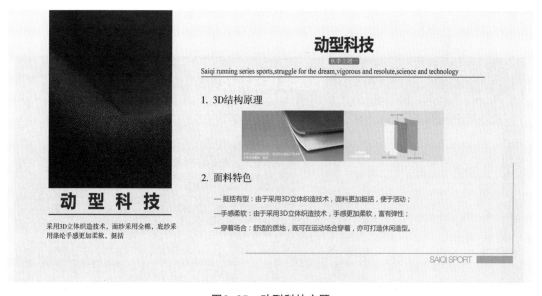

图6-25　动型科技主题

"复古运动风"主题强调的是现代美学与复古运动的完美融合，用充满怀旧风情的年代美感勾勒出跨时代的时髦魅力，创新经典分割、运动条纹、品牌的Logo设计以及色彩元素融入到复古运动衫中，如图6-26所示。

图6-26　复古运动风主题

1. 产品诉求

秋冬季产品更多专注于温控科技和保暖功能性。通过对材料、填充物不同的处理方式，推出以石墨烯、云绒、保暖棉、不倒绒为主的四大温控科技材料。

（1）石墨烯：作为先进碳材料，石墨烯具备导热导电性能强、超轻、耐损等特点，被誉为"改变21世纪的神奇材料"。结合印花工艺将石墨烯粉末印到尼龙材料上，具有良好的锁热、升温效果，保暖性比全棉、羊毛、驼绒等面料更强。如图6-27所示为石墨烯保暖科技的原理及产品特性。

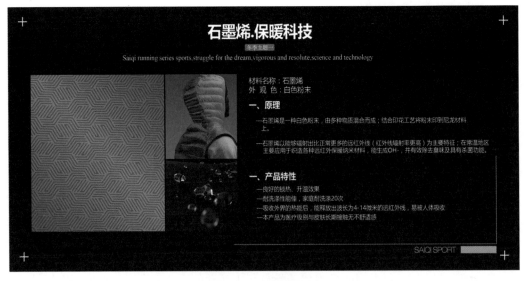

图6-27　产品诉求之一

（2）云绒：2018年新型高科技产品，手感蓬松、水洗数次不变形，具有极佳的保暖性，手感柔滑且不钻绒，如图6-28所示。

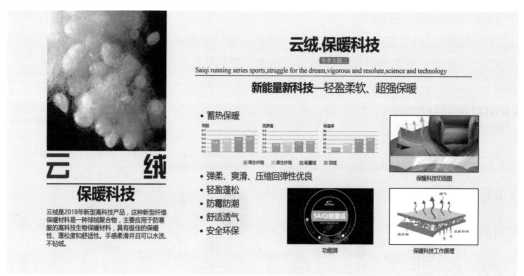

图6-28　产品诉求之二

（3）保暖棉：具有轻、薄、软、暖、透气、透湿等特性，其甲醛含量是普通棉衣的1/3，特别添加超能保暖聚合物，拥有多层立体纤维结构，能够成倍反射人体热辐射，加以突破性的轻薄透气中层，达至前所未有的恒温保暖效果。添加特殊保暖纤维，多层纤维结构更多的反射人体辐射；防止汗液集聚，协助人体保持温度，穿着棉衣时内外温度差可高达5℃；具有超细微细旦纤维的柔软手感，穿着时更加轻便灵巧；具有出色的拉伸性和回复性，纤维伸长15%后仍能100%回弹；多次洗涤后仍坚固耐用，不易变形；37%原料来自天然的玉米糖成分，减少63%二氧化碳排放量，更加绿色节能环保。

（4）不倒绒：有弹性，手感柔软，不倒绒的主要用途是裤类，穿着具有紧身、修身、保暖、柔美的特点，如图6-29所示。

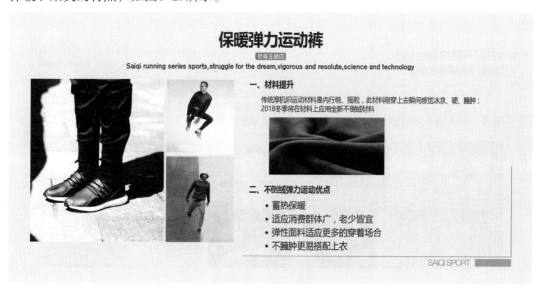

图6-29　产品诉求之三

2. 流行趋势分析

（1）"动型科技"主题：

①面料趋势分析：3D立体科技材料，挺括有型、手感柔软便于活动。

②款式分析：夹克慢慢苏醒，成为市场的主流趋势，如图6-30所示。

图6-30 款式分析

（2）"复古运动风"主题：

①色彩趋势分析：大受追捧的马卡龙色系风格，在近几年逐渐流行起来，并受到年轻人的认可。马卡龙色系是一种低饱和度的色系，如淡粉、粉蓝、淡黄、薄荷绿等。

②款式趋势分析：夹克依然是秋冬季产品的主力军，结合各种运动分割设计，如图6-31所示。

图6-31 款式趋势分析

3.产品设计

（1）卫衣设计：卫衣兼顾时尚性与功能性，融合了舒适与时尚。"动型科技"系列男款卫衣强调的是腋下分割、面料镶拼设计，男、女款卫衣都突出了印花图案设计，如图6-32所示。

图6-32 卫衣设计

（2）夹克设计：夹克的实用性极佳，适用于春夏秋三个季节穿着。"动型科技"系列夹克采用机能面料制作，廓型简约合体，并添加适当的流行元素，如防水拉链、反光织带等，更加突出夹克的功能性及实用性，如图6-33所示。

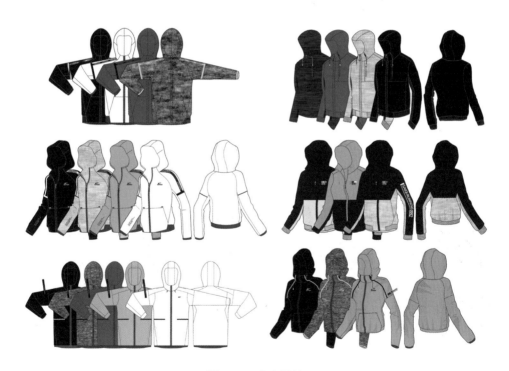

图6-33 夹克设计

（3）棉服设计：运动棉服设计强调的是其保暖功能及轻盈性。如图6-34所示，该系列的棉服采用石墨烯保暖科技材料，注重细节设计，如分割线、色彩镶拼、印花图案及反光织带的运用。

图6-34　棉服设计

（4）保暖弹力裤设计：保暖弹力裤装的设计更加注重板型与面料的完美结合，弹性面料既不臃肿又保暖，符合人体工程学的分割线设计，使裤子更贴合于人体，裤脚口的罗纹设计起着防风保暖的作用，如图6-35所示。

图6-35　保暖弹力裤设计

4. 产品陈列设计及推广

SAIQI品牌2018秋冬季跑步系列的产品陈列及推广，根据主题进行区域划分，如图6-36所示为"动型科技"主题陈列及推广——①用海报背景制作纤维3D立体图，突出强调服装材料的高科技性能，形成统一的视觉感。②海报背景＋立体灯光效果，突出产品介绍。③利用中岛柜展示主推产品。图6-37所示为"复古运动风"主题陈列及推广，采用马卡龙粉色背景与现代美学形成强烈的视觉冲击，在陈列手法上做主题焦点区展示，用POP海报结合实物陈列，突出色彩元素。

图6-36 "动型科技"主题陈列及推广

图6-37 "复古运动风"主题陈列及推广

图6-38~图6-40所示为2018秋冬季SAIQI品牌跑步系列产品陈列及推广，强调的是保暖功能性。在陈列手法上做主题焦点区展示，用POP海报结合动态半模实物陈列，以及各种户外道具、中岛体验信息台等。

图6-38 "石墨烯"保暖科技陈列及推广

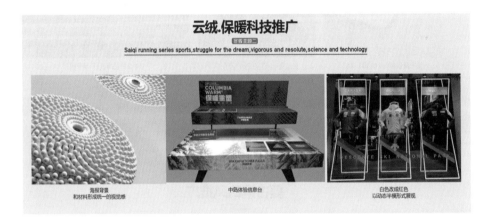

图6-39 "云绒"保暖科技陈列及推广

图6-40 保暖弹力运动裤陈列及推广

第二节 教学案例

一、运动装全盘货品开发实训模式

运动装应用设计强调培养学生实践创新能力为主体的核心能力，重视学生的产品设计、实践与市场运作接轨，了解运动装的成衣市场。拟定2：3：5的实训模式，20%时间用于理论教学，30%时间用于讨论会及案例分析，50%时间为实际动手设计制作学习时间。

1. "眼界" 训练及市场调研

（1）内容：关注运动装流行趋势，考察市场，关注人们的"衣生活"；了解时事要闻、社会热点；收集最新专业流行趋势资料；寻找喜欢的运动品牌或喜欢的款式，收集该品牌资料。

（2）目的：培养时尚感悟力、服装审美能力，初步了解当地市场和国际、国内大环境状况。

（3）目标：捕捉流行、感悟时尚、考察市场。

2. 时尚单品设计练习

（1）内容：时尚单品设计。

（2）目的：了解运动装设计操作过程和设计规律。

（3）目标：完整地完成设计构思至样衣制作（本阶段着重设计过程训练）。

3. 系列服装设计实训

（1）内容：选用一个主题，完成一系列产品设计。

（2）目的：在了解设计过程的基础上，训练系列产品设计能力。

（3）目标：独立完成主体设计全过程，能从头到尾独立进行设计思考、收集素材、选材、设计、制作全过程。

4. 品牌服装设计实践

（1）内容：选择自己喜欢的某一运动品牌或是自定义虚拟品牌，完整地做出当季商品的企划方案。

（2）目的：学习成衣品牌设计，练习完整的设计方案策划。

（3）目标：完成一个季度该品牌的商品企划方案。

（4）要求：以设计小组为单位集体完成（每小组4~6人）；对完成的商品企划方案模拟企业模式进行评价、评估，作为交流学习、教学互动的一种教学手段。

二、学生作品案例

1.LK 品牌（虚拟）2017 年秋冬季货品开发案例

本设计方案由李俊杰、孙杨、俞倩、黄楚真、黄滟婷五位同学共同完成。LK是一个时尚运动品牌，其主要针对的消费群体是学生、普通白领等大众消费群体，喜爱跑步、跑酷运动的体育爱好者和时尚人群。

年龄定位：18~40岁。

群体特征：阳光、时尚、青春、活力，注重身心健康、注重舒适的生活品质，拥有时尚的审美和乐观积极的生活态度。

LK品牌2017年秋冬季跑步系列的主题：漫生活，本主题强调的是一种生活态度，现代都市人通过运动来释放生活压力，如图6-41所示。

图6-41　主题

（1）产品诉求：本系列产品强调的是高科技、功能性。①功能科技性面料，吸汗透气、快速排湿；高弹力面料增强舒适性更加利于运动。②生活化的极简运动风格。如图6-42、图6-43所示。

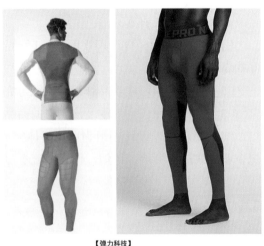

图6-42　产品诉求之一

跑步系列定位——产品诉求

【运动性能】
便携、轻便、功能性齐全、舒适

【生活】
生活化、满足日常着装需求、简单运动风格

图6-43　产品诉求之二

（2）系列商品构成："漫生活"跑步系列产品品类规划，如图6-44所示；品类占比及价格带规划如图6-45所示。

RUNNING DESIGN PLAN
跑步设计计划-投产计划

项目	系列	上/下装/配饰	针织/机织	大类	品类	投产数量 男	投产数量 女	总投产数	产品属性	备注
跑步系列产品研发	跑步系列	上装	针织	T恤	短T	1	1	2		
				卫衣	基本款卫衣	2	1	3		
					功能性卫衣	2	1	3	训练保护	
				外套	薄外套	3	2	5	慢跑轻松	主推款
			机织		功能性外套	2	1	3	弹力科技	主推款
		上装汇总				10	6	16		
		下装	针织	单裤	运动短裤	1	1	2		
					卫裤	2	2	4		
					紧身长裤	2	1	3		
			机织		功能性裤	3	2	5	弹力科技	主推款
		下装汇总				8	6	14		
	配饰		鞋:1	帽:2		包:2	其他:2	7		
	跑步系列汇总（上、下装）					18	12	30		

八月份投产计划情况分布：

总款数：30款

男款：18 款　女款：12款

上装：16 款　下装：14款

针织：22 款　机织：8 款

图6-44　产品品类规划

RUNNING DESIGN PLAN
跑步设计计划-品类占比

功能性服装50%　　　　休闲运动型服装40%　　　　配饰10%

紧身上衣15%RMB：239~499元　　卫衣10%RMB：199~259元　　帽3%RMB：59~99元
紧身裤15%RMB：129~269元　　卫裤10%RMB：129~299元　　包3%RMB：199~229元
修身上衣10%RMB：229~499元　　短裤10%RMB：99~169元　　鞋1%RMB：399~529元
运动短裤5%RMB：99~199元　　T恤10%RMB：119~299元　　其他3%RMB：79~229元
运动功能性外套5%RMB：329~699元

图6-45　品类占比及价格带规划

（3）系列元素及运用："漫生活"系列提取了塑胶跑道、城市建筑的线性感、沿海大道以及亲近自然的森林小镇、跑步的心率节奏等作为灵感元素，代表着慢跑是一种健康向上，放慢节奏步调，让人们去亲近自然的健康运动，如图6-46、图6-47所示。

RUNNING DESIGN PLAN
漫生活 系列元素方向

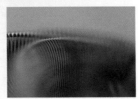

灵感来源图片1　　　　灵感来源图片2　　　　灵感来源图片3　　　　灵感来源图片4

慢跑系列的元素主题提取了塑胶跑道，城市建筑的线性感，沿海大道以及亲近自然的森林小道，跑步的心率节奏等作为灵感元素，代表着慢跑是一种健康向上放慢节奏步调让人们去亲近自然的健康运动。

图6-46　系列元素方向之一

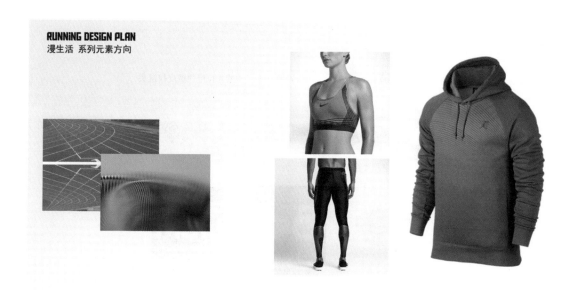

图6-47　系列元素方向之二

（4）流行趋势分析：

①面料趋势：安全科技性面料的大量运用，如防风面料、涂层面料等，如图6-48所示。

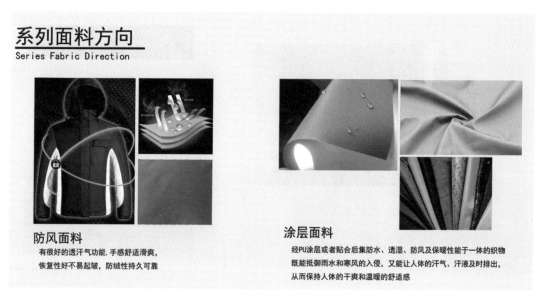

图6-48　面料趋势

②辅料趋势：反光防水拉链、PU皮标、反光荧光织带、炫彩胶印等各种功能性辅料，如图6-49所示。

③色彩趋势：以红黄蓝高纯度色彩为主推色，搭配黑白灰基础色，辅助色以低纯度色彩为主，如图6-50所示。

反光荧光织带　　　pu皮标　　　　松紧带　　　尼龙拉链弹簧皮拉链头

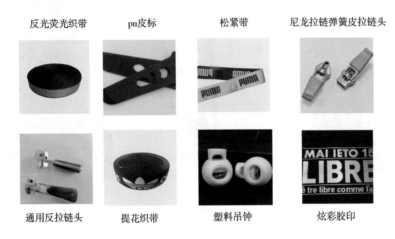

通用反拉链头　　　提花织带　　　塑料吊钟　　　炫彩胶印

图6-49　辅料趋势

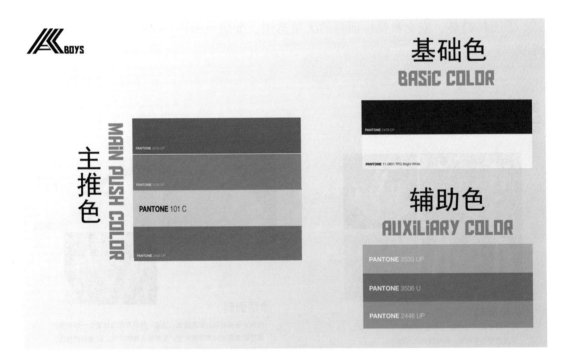

图6-50　色彩趋势

（5）产品设计：专业运动系列、漫步生活系列、时尚休闲系列产品设计，如图
6-51～图6-53所示。

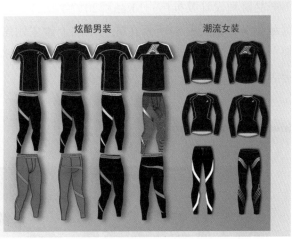

图6-51　专业运动系列产品设计

图6-52　漫步生活系列产品设计

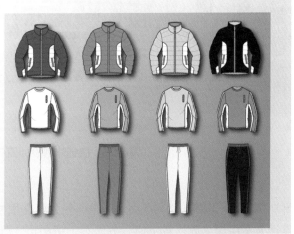

图6-53　时尚休闲系列产品设计

（6）产品陈列设计及推广：LK品牌2017年秋冬季跑步系列产品陈列及推广，根据主题进行区域划分，如图6-54所示在陈列手法上做主题焦点区展示，用方形POP结合产品实物陈列，并结合跑模、紫外线灯照、跑道、跑步机等各种道具烘托出慢跑系列的氛围，图6-55为店铺陈列设计图。

图6-54　店铺终端推广

图6-55　店铺陈列设计图

2. Sport Coupe 品牌（虚拟）2017年秋冬季货品开发案例
本设计方案由唐文政、景王倩、方泽芬、王雨琪、聂俊芳五位同学共同完成。
Sport Coupe是一个时尚运动品牌，其主要针对的消费群体是学生、普通白领等大众消费人群，喜欢跑步运动的体育爱好者、上班族。

年龄定位：18~45岁。

群体特征：阳光、积极向上的青少年和一些都市白领，告别小肚子，享"瘦"当下，抛开压力，畅快地跑一场。敢于面对挑战，追求舒适、积极、乐观的生活态度，有坚持不懈的品格。

产品特征：色彩炫丽、运动感强，塑身效果强、科技性强，安全性强、时尚元素居多，舒适度好。

Sport Coupe品牌2017年秋冬季跑步系列的主题是"享'瘦'当下"，本主题强调的是一种生活方式，自信的生活状态，如图6-56所示。

图6-56　产品主题

（1）产品诉求：本系列产品强调的是安全性、功能性及经典性。①安全型反光材料的运用：适用于运动服的3M Scotchlite 反光材料使用炭黑技术设计了新功能，以提高在低光源环境下的可见度。具有低温黏合能力，还可以黏附在各种织物上，而不影响设计或品质。②功能型面料：高弹力面料增强舒适性，更加利于运动、塑身。如图6-57所示。

（2）系列商品构成："享'瘦'当下"跑步系列产品品类规划及价格带规划如图6-58所示，品类占比及规划如图6-59所示。

（3）系列元素及运用："享'瘦'当下"系列提取了几何图形、夜光灯带，还有被几何图形切割的星空等作为灵感元素，代表着运动是一种自由的、享受的生活方式，也是对未来科技感的一种表现，如图6-60、图6-61所示。

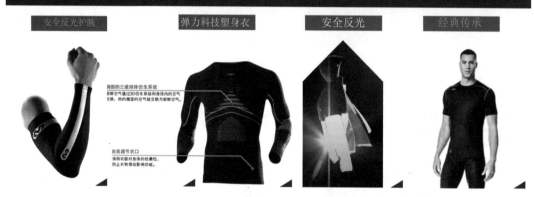

图6-57　核心产品诉求

项目	系列	上\下装	针织\机织\弹力科技	品类	投产数量 男	投产数量 女	总投产数	产品属性	备注
					#Slim down now #8月投资计划				
跑步系列产品开发	跑步系列	上装	针织	长袖T恤	1	1	2		
				套头卫衣	1	1	2		
				保温夹克	1	1	2		
				针织套头衫	1	1	2		
			机织	开襟带帽卫衣	2	2	4		
				连帽夹克	1	1	2	安全性反光科技	
			弹力科技	半袖健身紧身衣	1	1	2	弹力科技	主推款式
				健身运动长袖紧身衣	1	1	2		
			轻薄羽绒	羽绒服	1	1	2		
			上装汇总		10	10	20		
		下装	针织	运动7分裤	1	1	2		
				运动长裤	1	1	2		
				运动短裤	1	1	2		
			弹力裤	健身打底长裤	1	1	2	弹力运动裤	主推款式
				健身一体裤	1	1	2		
				健身弹力7分裤	1	1	2		
			机织	直筒长裤	1	1	2		
			下装汇总		7	7	14		
			跑步系列汇总		17	17	34		

系列价格定位

弹力类：
健身运动长袖紧身衣：260元
半袖健身紧身衣：199元
健身打底长裤：150元
健身连体裤：190元
健身弹力七分裤：170元

针织类：
T恤价格：120元
套头卫衣：160元
保温夹克：230元
针织套头衫：199元
运动七分裤：199元
运动长裤：230元
运动短裤：150元

机织类：
开襟带帽卫衣：160~230元
连帽夹克：199元
直筒长裤：199元

新品类：
轻薄羽绒：280~328元

图6-58　品类及价格带规划

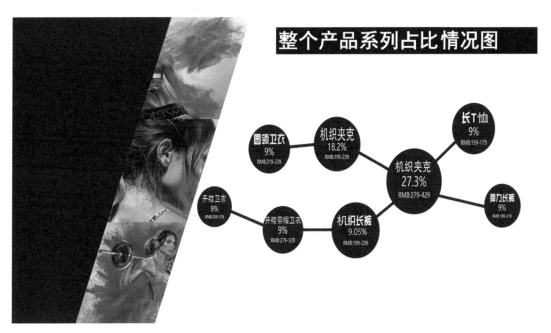

图6-59 品类占比及规划

图6-60 系列元素分析

元素在辅料上运用　　　　　　元素在服装上运用　　　　　　元素在图案上运用

图6-61　元素应用

（4）流行趋势分析：

①面料趋势：弹性机织面料、蜂窝网眼织物及冰凉感科技面料，如经编网眼布、"CoolCore"面料等，如图6-62所示。

SERIES FABRIC DIRECTION

MARKET TRENDS　系列面料方向－市场流行趋势

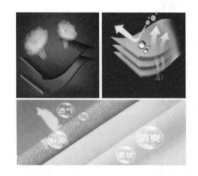

弹性机织面料

零束缚，极致弹力面料，贴身不紧绷，柔软舒适，无论何时都轻松自由。

冰凉感科技面料

运用特殊的工艺将体内产生的热量迅速散发出去，使体温降低，带给运动者冰凉舒适的感觉。

图6-62　面料趋势

②辅料趋势：反光防水拉链、PU皮标、反光织带、炫彩胶印等各种功能性辅料，如图6-63、图6-64所示。

SERIES ACCESSORIES
DIRECTION 系列辅料方向

1. 防水拉链
2. 特殊链齿
3. 反光拉链
4. 局部反光拉链

图6-63　辅料趋势之一

反光转印标志　　　　袖口罗纹包边　　　　　　　胶浆印花工艺

SERIES ACCESSORIES
DIRECTION 系列辅料方向

双色印花工艺　　　　反光烫标　　　　撞色抽绳

图6-64　辅料趋势之二

③色彩趋势：以亮蓝、黑、灰为主推色，搭配流行色为基础色，辅助色以红色、深灰色为主，如图6-65所示。

Running design plan

Color series style—— 色彩方向—男装

	男		
主推色	▬▬▬	▬▬▬	
	▬▬▬		
辅助色	▬▬▬	▬▬▬	
	▬▬▬	☐	
基础色	▬▬▬	▬▬▬	
	▬▬▬		

图6-65　色彩趋势

（5）产品设计：悦动弹力系列男、女款如图6-66、图6-67所示；卫衣系列如图6-68所示，夹克系列产品设计如图6-69所示。

图6-66　男款产品设计

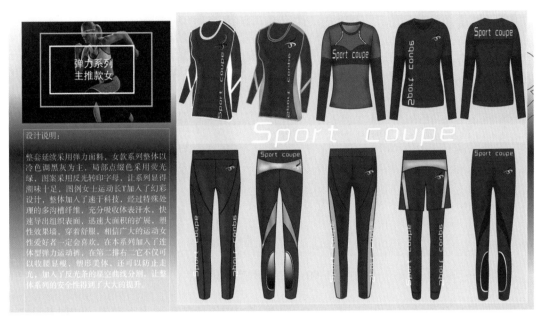

图6-67　女款产品设计

图6-68　卫衣系列产品设计

设计说明：

在风衣设计上延续着以往的经典款式廓型，局部点缀反光元素，松口式设计，面料采用弹性机织面料零束缚，贴身不紧绷，而且柔软舒适，身体舒展轻松自由，图例女款机织风衣，腋下采用网状设计，透气性能好，分布于核心肌肉处和身体易排汗处，运动时能迅速排汗与散热，空气流通，使穿着者有干爽舒适的体验，并且有效的改善因体温升高所导致肌肉功能减损及身体表现不佳的情况。

系列加入了新品类轻薄羽绒，采用锦纶面料，内含填充含绒率90%，轻巧保暖。

男款　　　　　男款　　　　　女款

Sport coupe

女款　　　　　男款　　　　　女款

图6-69　夹克系列产品设计

（6）产品陈列设计及推广：Sport Coupe品牌2017年秋冬季跑步系列产品陈列及推广，根据主题进行区域划分，如图6-70所示为店面门头及橱窗陈列，图6-71所示为主题陈列墙展示，手法上做主题焦点区展示，用方形POP结合产品配饰实物陈列，并结合动态模特等各种道具烘托出慢跑系列的氛围，图6-72所示为店铺陈列45°角俯视图。

图6-70　店面门头及橱窗陈列

悦动系列主推墙的陈列设计

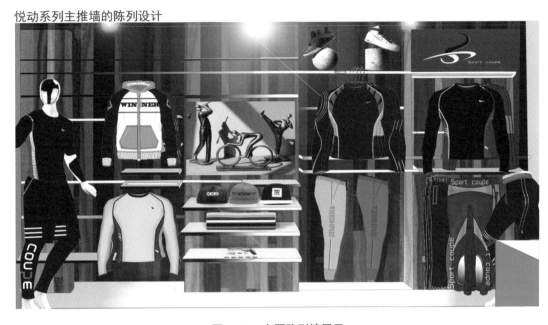

图6-71 主题陈列墙展示

图6-72 店铺陈列45°角俯视图

思考与训练

　　1.对企业全盘货品开发案例及学生作品案例分析。

　　2.完成一秋冬主题的货品开发，完成一系列配件设计。

参考文献

［1］刘晓刚. 服装文化概论［M］. 上海：东华大学出版社，2015.

［2］凯瑟. 服装社会心理学［M］. 李宏伟，译. 北京：中国纺织出版社，2000.

［3］邓黎婷. 无缝针织运动服装设计研究［D］. 上海：东华大学，2018.

［4］殷雨婕. 技术创新驱动下的全球运动装研发趋势［J］. 中国纤检，2018.

［5］卢新燕. 运动服装时装化趋势发展的因素分析［J］. 商场现代化，2007（11月下旬刊）：50-51.

［6］Zheng Ran. Athleisure runs up the score with ever more designers&collaborations［J］.China Textile. 2015.3.15.

［7］R. 斯素. 运动用纺织品［M］. 王建明，关芳兰，译. 北京：中国纺织出版社，2008.

［8］吴坚，李淳. 纺织品功能性设计［M］. 北京：中国纺织出版社，2007.

［9］朱平. 功能纤维及功能纺织品［M］. 北京：中国纺织出版社，2006.

［10］陈彬，臧洁雯，徐春华，周洋，等. 运动服装设计［M］. 上海：东华大学出版社，2018.

［11］刘晓刚. 品牌服装设计［M］. 上海：东华大学出版社，2006.

［12］王露. 运动装设计创新［M］. 北京：中国轻工业出版社，2008.